海洋科学大数据的应用

王彬 ◎著

吉林科学技术出版社

图书在版编目（CIP）数据

海洋科学大数据的应用 / 王彬著. -- 长春：吉林
科学技术出版社，2022.4
ISBN 978-7-5578-9468-9

Ⅰ．①海… Ⅱ．①王… Ⅲ．①海洋－数据－研究
Ⅳ．①P7

中国版本图书馆 CIP 数据核字(2022)第 115991 号

海洋科学大数据的应用

著	王 彬
出 版 人	宛 霞
责任编辑	程 程
封面设计	金熙腾达
制 版	金熙腾达
幅面尺寸	185mm × 260mm
开 本	16
字 数	294 千字
印 张	13
印 数	1-1500 册
版 次	2023年1月第1版
印 次	2023年1月第1次印刷

出 版	吉林科学技术出版社
发 行	吉林科学技术出版社
地 址	长春市南关区福祉大路5788号出版大厦A座
邮 编	130118

发行部电话/传真 　0431-81629529　81629530　81629531
　　　　　　　　　 81629532　81629533　81629534

储运部电话　0431-86059116
编辑部电话　0431-81629510
印 刷　廊坊市印艺阁数字科技有限公司

书 号	ISBN 978-7-5578-9468-9
定 价	58.00 元

前　言

海洋作为地球生命的重要支撑系统，孕育了生命，成就了人类。从太空俯瞰地球，蔚蓝色的海洋装扮着美丽的星球。海洋之于我们人类，是潜力巨大的资源宝库，是生存和发展的战略空间，也是竞争与合作的重要舞台。海洋在国家经济发展格局和对外开放中的作用更加重要，在维护国家主权、安全、发展利益中的地位更加突出，在国家生态文明建设中的角色更加显著，在国际政治、经济、军事、科技竞争中的战略地位也日益上升。要进一步关心海洋、认识海洋、经略海洋，推动我国海洋强国建设不断取得新成就。建设海洋强国，需要规模宏大、素质优良的海洋人才队伍，这是发展海洋事业的基础，也是建设海洋强国的根本保证。智慧海洋由数字海洋发展而来，是数字海洋发展的高级阶段和最终目标，也是海洋信息化的必然趋势。近年来，随着 GIS、大数据、云计算、物联网、人工智能等技术的飞速发展，必将推动数字海洋向智慧海洋发展。

基于此，本书从大数据环境下海洋发展的基本知识入手，对数据获取与特征、信息监测系统设计、大数据技术在海洋中的应用等方面展开论述，在撰写上突出以下特点：第一，理论与实践结合紧密，结构严谨，条理清晰，重点突出，具有较强的科学性、系统性和指导性。第二，结构编排新颖，表现形式多样，便于读者理解掌握。本书是为从事海洋科学专业的工作者以及学者量身定做的教育研究参考用书。

在本书的撰写过程中，参阅、借鉴和引用了国内外许多同行的观点和成果。各位同人的研究奠定了本书的学术基础，对海洋科学大数据应用的展开提供了理论基础，在此一并感谢。另外，受水平和时间所限，书中难免有疏漏和不当之处，敬请读者批评指正。

目　录

第一章 大数据环境下海洋的发展综述

第一节 海洋信息化内涵和意义

一、海洋信息化内涵

海洋信息化是国家信息化的重要组成部分，也是我国海洋事业发展的重要内容。海洋信息化是在统一的领导和组织下，在海洋开发、规划、管理、保护和合理利用等各项工作中应用现代信息技术，深入开发和广泛利用各类信息资源，最大限度发挥海洋信息在海洋经济和海洋事业发展中的基础性、公益性和战略性作用，加速实现海洋事业发展现代化的进程。

海洋信息化是信息化在海洋领域中的具体应用和实施。当代，信息化概念已经得到了广泛认同和使用，信息化既是一个技术的进程，又是一个社会的进程。抛开社会层次，从技术层面看，信息化的首要问题是信息的数字化。所以海洋信息化首先是海洋信息的数字化，其结果使得在物理世界之外，又产生了一个数字世界或虚拟世界。从这个角度看，海洋信息化可以理解为将海洋物理世界通过数字映射变换为海洋数字世界，再通过信息服务的形式提供所需的信息、内容和知识，使其为海洋物理世界的活动或开发服务；或者用以研究和反映其所代表的海洋物理世界，以便提供认识和改造海洋物理世界的技术和工具。当然，这个过程同样离不开信息技术的支持。

我国的海洋信息化是在国家信息化统一规划和组织下，逐步建立起由海洋信息源、信息传输与服务网络、信息技术、信息标准与政策、信息管理机制、信息人才等构成的国家海洋信息化体系；利用日趋成熟的海洋信息采集技术、管理技术、处理分析技术、产品制作和服务技术等，建立以海洋信息应用为驱动的海洋信息流通体系和更新体系，使海洋信息的采集、处理、管理和服务业务走向一条健康、顺畅、正规的发展道路，逐步实现国家海洋信息资源的科学化管理与应用。

随着我国海洋事业的快速发展，海洋信息的基础性作用日益突出，因此，海洋信息化建设为海洋事业的快速发展提供了强有力的支撑，实现信息化是党的十六大提出的覆盖我国现代化建设全局的战略任务。海洋信息化工作是国家海洋经济发展的需求和国家海洋管理的需要，它不仅是推动我国海洋管理科学化和现代化的重要手段，也是实施我国海洋可持续发展战略的可靠信息保障和技术支撑。

二、海洋信息化的任务

海洋信息化的任务主要包括七个方面。

（一）海洋信息的数字化

将历史与现实的、不同信息源的、不同载体的各类海洋信息进行数字化处理，形成以海洋基础地理、海洋生物、海洋物理、海洋化学、海洋环境、海洋资源、海洋经济、海洋管理等为主题的数字化海洋信息和海洋数据库，为海洋信息服务提供数据基础和支撑。

（二）海洋信息的网络化

海洋信息数字化是为海洋领域的研究和开发活动服务的，只有实现了海洋信息的共享才能达到此目的。而要实现海洋信息的共享，必须通过海洋信息的网络化。这包括两部分内容，一是海洋网络基础设施的建设，包括海洋信息实时采集网络（传感器网）、信息传输网络、移动通信网络、海洋执法专网等；二是海洋信息的网络化实施，包括海洋信息的传输、处理和共享。

（三）海洋政务系统的业务化

对与海洋相关的政府职能部门的海洋管理、行政审批、执法监察、海洋安全保障、相关决策等业务，开发和整合海洋政务系统、海洋信息管理系统、海洋决策支持系统等，以支撑实现海洋政务系统的业务化运行。

（四）海洋信息服务的社会化

在海洋信息的数字化和网络化的基础上，研制海洋基础性、公益性信息资源产品，研发面向社会公众、面向行业用户、面向市场的海洋信息服务系统，实现海洋服务的社会化，以促进海洋信息产业化进程，实现社会共享。

（五）海洋信息软环境的配套化

海洋信息化软环境具体包括信息化相关的法规制度、标准规范、人才队伍、技术储备等。海洋信息软环境建设是海洋信息化建设的重要任务之一，对海洋信息化进程起着关键的保障作用，所以需要进行海洋信息化配套的相关制度、信息标准、人才队伍、信息安全管理等软环境建设。

（六）海洋资源开发的透明化和绿色化

因为生存环境的恶劣和资源的缺乏，人类将目光投向海洋，因此海洋资源的开发和利用不能重走陆地资源盲目开发、掠夺性开发的老路。海洋资源开发和利用要做到透明化的集约规划开发、可持续性绿色开发，这不仅是海洋信息化的目的，也是海洋信息化的任务。

（七）海洋信息服务的智能化

随着 IT（Information Technology）、智能系统、物联网、云计算、大数据、人工智能等技术的发展，海洋信息化的网络环境会不断完善、海洋数据不断积累、模型的准确性不断提升，海洋实体空间与对应虚拟空间的深度交互与融合将成为必然，从而使"虚实融合"的海洋信息化体系进一步朝着智能化的方向发展，智能化是海洋信息化的终极任务和目标。

三、海洋信息化的意义

海洋信息化是海洋自身特点对信息化发展的需求，是国家海洋战略对信息化发展的需求，是信息时代背景下海洋领域的发展潮流和必然趋势。海洋信息化的作用总体包括两方面：①海洋信息化是管理和利用海洋的基础支撑和优化；②海洋信息化对海洋事业发展起到先导、催化和增值作用。

海洋信息化作为国家信息化的重要基础，已在开发和利用海洋信息资源、促进海洋信息交流与共享、提升海洋各项工作效率和效益的过程中发挥着重要的作用。海洋信息化本身已不再只是一种手段，而成为营造良好的海洋信息交流与共享平台的目标和路径。加强海洋信息化建设可增强海洋软实力，发挥信息在海洋环境认知、海洋事务管理、海洋资源开发、海洋活动保障以及海洋战略决策等多方面的作用。

海洋信息化是海洋开发、管理的一项重要工作，是推动海洋事业发展的重要举措。其通过各种信息渠道，多种形式多层面地向政府、行业部门、涉海公众全方位提供海洋信息咨询、海洋数据共享、海洋灾害预警、海洋产品安全、海洋应急救助、海洋决策支持、涉海政策法规等相关服务。海洋信息网络平台项目的实施已成为提升决策透明、优化投资环境、服务海洋经济的重要一环，海洋信息化技术的应用对沿海地市科学管海、合理用海有着重大意义。在当前国际形势下，海洋权益保护是我国的一项重要任务。海洋权益保护需要翔实的海洋信息和快速有效的信息处理能力，掌握极有说服力的海洋资源环境背景数据才能赢得主动；针对海上突发事件，必须有及时、精确的海洋信息获取系统和联动的快速响应维权系统的支持；国家安全和国防建设需要海洋环境信息系统的支撑，军事设施、海上航行和海上作战环境保障等方面需要大量的海洋历史观测资料、现场观测资料和信息产品。所以，海洋信息化对海洋权益保护具有特殊的意义和作用。

第二节 大数据环境下海洋发展的进程

一、海洋信息化经历阶段

按照海洋信息化发展的阶段进行划分，结合海洋蓝色经济建设新时期的特征，可将我国海洋信息化发展划分为以下阶段。

（一）发起阶段

20世纪80年代之前海洋信息化兴起，此阶段主要开展对海洋调查和考察数据的抢救性保存，对涉海纸质材料的数字化，记录了第一批宝贵海洋资料。

（二）基础阶段

20世纪90年代为海洋信息化的基础阶段，在数据文档基础上依托商业化软件，开展专题数据库建设工作，陆续建立了海洋基础地理数据库、水深数据库等一批专题数据库，较好地解决了海量海洋数据的检索和共享使用问题，为海洋信息化工作打下了良好的基础。

（三）能力建设阶段

20世纪末为海洋信息化能力建设阶段，依托涉海项目的实施，以专题数据库为支持，建立了海洋信息系统及各子系统，实现了软硬件设备的升级换代，培养了一批信息化技术人员，使海洋信息工作在基础设施能力、信息系统开发经验和信息化人才队伍建设等方面上了一个台阶，实现了一次质的飞跃。

（四）应用开发阶段

21世纪初为海洋信息化的应用开发阶段，海洋信息化成果初步显现，开发的专题应用系统在海洋划界、海洋功能区划、海洋经济统计、海域使用管理、海洋环境监测、海洋预报等业务领域发挥了积极的作用。同时，制定了一系列信息化标准规范，培养了一大批信息化人才，为海洋信息化实现跨越式发展聚集了力量。

（五）大发展阶段

2016 年至今为海洋信息化的大发展阶段，海洋信息基础设施基本完善，实现了全国网络的互联互通；海洋信息获取技术得到飞速发展，海洋观测卫星逐步增多，建立了基本覆盖我国海域范围的浮标观测网络；2019 年后随着智慧城市的发展，海洋信息化逐步由基础设施建设、基本体系构建逐步向智慧化阶段发展。

（六）全面智能化阶段

随着智慧城市的初见成效，智慧城市的成熟技术和经验被逐步应用到海洋信息化中；随着物联网、云计算、大数据处理技术的逐步成熟，其在海洋信息化领域不断深入应用；随着人工智能的兴起和在各领域的全面应用，在深度学习、大数据挖掘、人工智能等相关技术的支持下，海洋信息化将逐步向全新的全面智能化阶段发展。

二、海洋信息化现状

海洋信息化从兴起到现在经历了几十年的发展，到目前，信息基础设施已经基本建成。在海洋信息获取技术和手段方面，也取得长足进步，我国已成功发射 3 颗 HY 系列卫星，岸基观测台站、高频地波雷达、水下机器人、锚系 / 漂流浮标、短波通信、北斗通信、水下光纤通信等一批关键技术和设备取得技术突破，无人机、无人艇等新型装备逐步投入应用；"一带一路空间信息走廊"和"海底长期科学观测系统"将分别从太空和海底两个空间维度增强我国海洋信息获取能力。

海洋信息处理、管理和服务水平得到了较大的提高。海洋数据处理方面已经能开展常规海洋环境观测数据和诸如 CTD（Conductance Temperature Depth，温盐深仪）、ADCP（Acoustic Doppler Current Profilers，声学多普勒流速剖面仪）和海洋卫星遥感等高分辨率观测仪器所获取的海洋数据的处理和质量控制，初步建立了海洋环境要素基础数据库和我国海域小比例尺的海洋地理基础数据库；海洋基础数据信息产品开发和服务能力得到了提高，特别是多元化海洋数据同化和海洋数值再分析产品研究开发技术已经取得了较快的发展；数据共享方面，通过国家海洋局政府网站、中国海洋信息网和其他一些海洋信息专题网站发布的海洋基础信息及其产品信息，海洋电子政务信息，海洋管理和公益服务信息基本可以满足海洋发展和社会的需求。

海洋信息化支撑软环境建设取得了一定成果。随着国家不断加大对海洋事业的投入，海洋的信息化建设也进入高速发展的黄金时期，国家和沿海省（自治区、直辖市）先后出台了一系列海洋信息化建设的发展规划，分别从数值预报、渔业应用、环境监测等多个方面为海洋信息化建设提供了政策保障。涉海的相关标准也在逐步完善中，构建了海洋信息化标准体系框架，制定了数据管理、信息共享、信息化管理等方面的部分相关标准。

三、海洋信息化的进展

21世纪是海洋世纪，海洋资源的开发和利用已经成为沿海国家解决陆地资源日渐枯竭的主要出路之一。近几年来，全球性的海洋开发利用热潮推动了我国研究、开发和利用海洋的步伐，由此带动了对高质量海洋信息广泛和迫切的需求。相应地，海洋信息化进程加快，海洋信息化建设在许多方面有了长足发展：海洋电子政务工程建设进展顺利，中国近海数字海洋信息基础框架建设正式启动，国家海洋局政府网站、中国海洋信息网、各海洋专题服务网站建设不断完善，海洋综合管理信息系统建设继续深化拓展，海洋运输、港口、渔业、石油等相关行业和领域的信息化工作飞速发展，沿海省市海洋信息化工作也有了长足进步，基本满足国家海洋权益维护、海洋资源开发利用、海洋环境保护等需求。具体进展情况如下：

（一）国家海洋信息化规划的完善

根据国家信息化的统一部署和海洋事业发展的需要，修改并继续完善了《国家海洋信息化规划》，制定了国家海洋信息化的中长期目标，目标的具体内容是：建立健全海洋信息化管理机制；建成面向海洋管理和服务主题的多级信息平台；建立起高速、大容量和统一的信息交换网络系统；建设结构完整、功能齐全、技术先进、标准统一，并适应海洋事业发展要求的海洋信息化应用服务体系；提升海洋管理决策和公共服务的能力，满足国家海洋权益维护、海洋资源开发利用、海洋环境保护的需求，全面实现海洋信息化，促进我国海洋事业的快速发展。

（二）海洋信息获取、处理能力和技术的提高

近几年来，我国海洋信息获取手段已有质的飞跃，信息获取能力进一步加强，初步形成了由海洋卫星、飞机、调查船、岸基监测站、浮标和志愿船等组成的海洋环境立体监测系统，海洋动力环境观测和监测技术、海洋生态环境要素监测技术、海洋水下环境监测技术、海洋遥感技术等一批海洋数据获取技术取得了新的突破，海洋信息处理水平有了新的提高，具备了海洋信息实时、准确、安全传输的能力。

（三）多级海洋信息业务体系初步形成

在国家海洋信息化工作的统一规划下，通过构建沿海省市海洋信息管理与服务体系，沿海省市海洋信息化工作发展迅速。启动并完成了山东、广东等省的海洋信息联建共建工作，通过国家与地方共建联建等方式，建设沿海省市海洋信息中心，形成由国家级中心为枢纽、各沿海省市中心为基础的海洋信息管理服务体系，促进国家和地方海洋信息的互联互通和共享，满足国家和地方政府履行海洋管理职能对海洋信息服务的需求；形成了覆盖国家涉海部门与沿海省、市、区的海洋经济统一体系，并初步建立了海洋信息

多级管理、服务、运行机制，为地方海洋机构提供了有效的海洋信息业务服务。

（四）基础性海洋信息工作进一步加强

近几年来，在国家重点科技攻关计划、国家重大基础性研究计划项目、国家自然科学基金及海洋"863"国家高技术研究发展计划、海洋勘测专项计划及科技兴海等一批重大的研究和开发项目的推动下，在海洋资料管理与服务、海洋信息系统网络建设与管理、海洋情报服务、海洋文献服务以及海洋档案管理等传统的信息服务领域方面均取得了突破性和跨越式的发展，初步建立了海洋空间数据协调、管理与分发体系，并开展海洋信息元数据网络服务工程建设。

（五）国家海洋综合管理信息系统的建设完善

根据我国海洋管理工作的实际需求，正在进行统筹规划、建设、完善并整合面向四个海洋管理业务的信息系统，逐步形成标准、数据、平台相统一的业务化运行海洋管理信息系统，满足海洋管理等多方面工作需要。四个海洋管理业务信息系统分别是：①海洋环境保护综合管理信息系统在原有基础上，完善系统功能，扩充信息量。②海域管理综合信息系统对全国海洋功能区划管理信息系统、省际海域勘界信息系统、海域使用管理信息系统等专题系统进行整合，规划设计海岛海岸带、海籍管理等业务功能。③海洋权益综合信息系统在现有海洋划界计算机总体支持系统的基础上，重新规划设计涵盖海洋划界决策支持、权益管理以及国际合作等管理业务功能。④海洋执法监察综合信息系统针对地方省市需求，开展海洋执法业务示范系统建设工作。

（六）海洋信息化工程标准体系的构建

海洋信息化标准体系和共享分类体系的规划与建设在国家相关电子政务标准体系框架的原则指导下进行，在总体标准、应用标准、应用支撑标准、信息安全标准、网络基础设施标准和管理标准等方面，研究在海洋信息领域的具体应用。海洋信息化标准体系建设包括制定海洋信息分类与编码、海洋信息交换标准格式、海洋信息数据处理和质量控制标准、海洋信息元数据标准、海洋资源和环境要素分类体系与编码及其图示图例规范、海洋资源和环境图制图标准等标准与规范。海洋信息管理和共享分类体系建设包括制定海洋信息共享服务管理办法、海洋信息共享权限与服务方法、共享数据安全分类分级管理办法、海洋资源与地理空间信息库管理办法、信息库运行标准规范和管理办法、信息库数据更新与维护规范、数字档案管理规范等。

（七）海洋信息化的推动和发展

重大海洋信息化相关项目的启动，提高了海洋信息化业务的专题支撑保障能力与技术创新水平，加大了海洋信息化工作的投入力度，推动了海洋信息化工作向纵深发展。

①完成了海洋科学数据共享工程的建设；完成了海洋自然资源与地理空间基础信息库建设，形成标准数据产品库；完成了海洋信息交换系统、网络系统、安全系统和元数据库建设；完成了海洋标准信息产品加工等规范及相关管理办法，制定、运行管理培训等基础性工作。②中国近海数字海洋信息基础框架构建（908-03项目）方面，构建了我国近海数字海洋数据基础平台，制定了相关政策法规及标准规范，建立起多学科、多专业的数据库体系，实现了数据的整合改造和集成，制作了各类海洋信息产品。

（八）海洋信息国际交流与合作不断深入

近几年来，海洋信息领域国际合作范围和信息交换渠道进一步拓宽，我国参加了海洋学和海洋气象学联合技术委员会（JCOMM，The Joint WMO/IOC Technical Commission for Oceanography and Marine Meteorology）、东北亚海洋观测系统（NEAR-GOOS，North-East Asian Regional-Global Ocean Observing System）、国际海洋资料和情报交换委员会（IODE，International Oceanographic Data Exchange）、地转海洋学实时观测阵（Argo，Array for Re-altime Geostrophic Oceanography）等一系列国际海洋信息服务领域的合作项目。通过这些海洋信息领域的国际合作与技术交流，为国家获取了大量的海洋基础资料信息，拉近了与国际海洋信息技术发展的距离，进一步扩大了我国的国际影响，确保我国获得最大的资料共享权益和海洋信息高新技术。

（九）海洋信息安全工作不断加强

国家海洋局建立了海洋信息化数据安全和网络安全机制，正式发布了《海洋赤潮信息管理暂行规定》《海域勘界档案管理规定》，正在编制完善网络管理技术规范与管理办法等相关海洋信息安全管理规定，根据不同需要建立了内外网间网络防火墙系统和网络病毒防范系统，为网络系统业务运行提供了安全机制保障。

第三节　数字海洋的产生与发展

一、从数字地球到数字海洋

数字地球是一种可以嵌入海量地理数据、多分辨率和三维的地球模型，并可在其上添加与人们生产生活相关的各种信息。20世纪末，我国科学技术界诸多专家联合发表了著名的《数字地球北京宣言》，标志着数字地球概念在全球范围的正式推进。数字地球是把有关地球的海量、多分辨率、三维、动态的数据按地理坐标集成起来的虚拟地球，是地球科学、空间科学、信息科学的高度综合。数字地球建设是一场意义深远的科技革命，是地球科学研究的一场纵深变革。

数字海洋是随着数字地球战略的实施而提出来的，是数字地球在海洋领域的具体应用和实施。数字海洋是由海量、多分辨率、多时相、多类型海洋立体监测数据、分析算法和模型构建而成的虚拟海洋信息系统。数字海洋通过卫星、遥感飞机、海上探测船、海底传感器等进行综合性、实时性、持续性的数据采集，把海洋物理、化学、生物、地质等基础信息装进一个"超级计算系统"，使大海转变为人类开发和保护海洋最有效的虚拟数字模型。

由数字地球引申出的数字海洋成为人类认知海洋的必经之路。数字海洋概念提出之后，数字海洋资源的开发和利用已成为全球沿海国家和地区解决可持续发展问题的主要出路之一。我国是海洋大国，历来重视发展海洋经济，在全球信息化的条件下，发展数字海洋是必然趋势。2007年1月，在"蓝色经济"发展的需求下，我国启动"908专项"，数字海洋信息基础框架构建是国家"908专项"的三大项目之一，旨在通过对"908专项"获取的海洋资料和历史海洋信息资源的整合利用，搭建标准统一的数字海洋信息平台，以便全面提高数字海洋管理与服务水平。

二、海洋信息化与数字海洋

早在数字地球理念提出之前，我国已经把信息化建设放在首要位置。20世纪80年代，提出了"开发信息资源、服务四化建设"的战略构思。目前，信息化建设已上升到了国家发展战略的高度，这对海洋信息化建设无疑具有权威性和指导性作用。在这个背景下，数字海洋作为海洋信息化发展战略的基础项目，已成为实现海洋信息化的必由之路。数字海洋把遥感技术、传感技术、机器人技术、地理信息系统和网络技术与可持续发展等海洋需求联系在一起，把原始的海量数据变成可读取的信息，为海洋信息化提供了一个战略基础框架。数字海洋的实质是信息化的海洋，它是充分利用信息、实现海洋信息化的有效手段。

用信息化带动工业化是国家信息化战略的指导思想，因此用海洋信息化来带动我国海洋事业的现代化是海洋强国的一条基本措施。21世纪初，在由国务院批准实施的我国近海资源调查专项（908专项）中，确立了建设"中国近海'数字海洋'信息基础框架"，这一重大决策也拉开了我国实施数字海洋战略的序幕。国家海洋局与上海市政府从海洋信息化建设的全局出发，决定在上海共同建设数字海洋上海示范区，为我国全面建设数字海洋铺下了第一块基石。建设"数字海洋、生态海洋、安全海洋、和谐海洋"是我国海洋强国战略的具体目标。在这四个目标中，数字海洋是基础，是国家安全建设、海洋经济开发、海洋现代化管理的必要条件。

社会发展经历了农业化、工业化和信息化的历程。特别是到了20世纪八九十年代，信息技术革命引发了全球信息化浪潮，世界加快了由传统工业社会向现代信息社会、工业经济向知识经济时代的转变。在信息化过程中，如何开发利用海量信息资源，将信息变成知识，将知识变成财富，成为信息时代的重要课题，也正是信息化推动社会变革的本质所在。按照信息化的概念，数字海洋应包括海洋物理世界的"数字化"映射和数字逆映射两个过程，这两个过程都离不开信息技术。数字海洋是海洋信息化的一种表现形式，这不仅是一个技术过程，也是一项改变工作、学习和生活的长期社会过程，核心思想是利用数字化手段统一处理海洋问题，最大限度地开发利用海洋信息资源，因此在海洋信息化中起着基础数据和基础服务平台的作用。从涉及的内容范围上看，数字海洋涵盖了海洋信息正、逆映射当中从信息获取、处理、可视化到应用服务的整个过程，以信息流为主线，起着衔接各个环节的桥梁作用。因此，也就涉及数据处理、数据管理、数值模型、可视化表达、决策模型和系统集成等多种技术的集成，同时为人们认知海洋提供了工具和信息服务的手段。

数字海洋是国家海洋信息化的重要内容，是海洋信息化工作的基础支撑平台。应在正确把握两者之间内在关系的基础上，明确数字海洋在海洋信息化工作中的定位和作用，通过建立相应的机制，制定有效的措施，推动数字海洋和海洋信息化的持续发展。海洋是蔚蓝色的国土，随着信息技术的发展和充分应用，中国将积极以构建数字海洋为重点，努力提高海洋开发和管理工作的信息化水平。

三、数字海洋的产生和作用

（一）数字海洋的产生

我国海洋工作者将数字地球与海洋领域的工作和实践相结合，于20世纪末提出数字海洋概念以及相关建设构想，2003年9月制订了中国数字海洋总体建设方案，2006年启动数字海洋系统工程一期项目——"构建中国近海数字海洋信息基础框架"，推进中国数字海洋工程建设。许多沿海城市（如上海、珠海、厦门、宁波等）围绕这一国家战略目标，制订了本市的数字海洋建设发展规划，发挥海洋科技优势，整体推动中国数字海洋建设。

数字海洋的核心是将大量复杂多变的海洋信息转变为可以度量的数字、数据，再以这些数字、数据建立适当的数字化模型，数字海洋产生和发展的必要性由以下几个方面决定。

1. 数字海洋建设是海洋信息管理与建设的需要

我国海洋资源十分丰富，涉海管理内容非常广泛。但海洋信息管理与建设缺乏规划，没有专门的综合信息建设与管理部门，给海洋信息化的建设、协调和管理带来了较大的困难。由于缺乏统一的数据规范和标准、缺乏基础网络平台的支持，影响了海洋资源环境信息的应用、交流和共享，以致"海洋信息孤岛"现象严重，信息资源难以有效利用。

2. 数字海洋建设是近海生态环境保护的需要

中国沿海城市现已面临严重的海洋环境问题——化肥与农药、放射性物质、溢油和泄漏等不断进入海洋，加之不合理的捕捞与养殖，破坏了现有的海洋生态环境。如何保护海洋环境，涉及复杂的系统工程问题，而数字海洋建设正可以应对这类问题。

3. 数字海洋建设是海洋防灾减灾的需要

海洋灾害种类繁多，给海洋经济发展以及海洋与渔业管理常常造成巨大灾害，海洋灾害的发生多具有较大的随机性，很难准确地预报这些灾害发生的时间、地点和影响程度。数字海洋灾害应急管理信息系统可以在接收到气象部门、地震部门、环境保护部门的海洋灾害报告之后，依据不同灾害种类的影响程度和特点，提出相应的应急对策，为海洋安全、海洋环保、海洋经济发展保驾护航。

4. 数字海洋建设是海洋公共信息服务的需要

信息化时代测绘的本质是服务，社会公众对海洋信息的需要越来越迫切，但海洋环境不同于陆地，它的特殊性使得人们难以直接全面了解其各层面的现象及内部特征。数字海洋可以全面直观地表达展示海洋空间信息和海洋调查数据，辅助海洋科研人员进行解释研究工作，为大众提供接触和了解海洋的窗口。

5. 数字海洋是海洋科学和教育服务的需要

数字海洋对于促进海洋科学与技术的发展，加速海洋开发和利用，具有重要意义；数字海洋还是海洋相关教育的资源来源、实习案例、演示项目，可以为海洋相关教育服务。

（二）数字海洋建设目标

数字海洋建设立足为海洋经济建设、海洋管理、政府决策服务，以海洋信息基础平台建设为核心，以海洋专题信息应用系统建设为主体，建成集海洋信息采集、信息传输交换、海洋综合管理、执法与监管、行政审批、辅助决策支持与公众信息服务一体化的海洋信息化体系，使海洋信息化能力和水平适应海洋经济快速发展的需要。我国建设数字海洋建设的具体目标主要为五个方面。

第一，实现覆盖300万平方千米的海洋立体观测体系，确保获取我国安全与经济所需的全球海洋综合信息数据；建设完备的基础与专题数据库体系，达到对海洋安全、经济、科研、网格、综合、虚拟的应用与服务支撑。

第二，推动海洋信息技术自主创新能力和建设能力达到世界一流水平，海洋信息产品力求先进、实用、功能强大，满足海洋活动中的各方需求。

第三，海洋信息安全水平能确保国防安全、海洋经济、海洋科研方面的信息安全要求。

第四，形成完善的海洋信息化发展体制、政策环境和标准规范，实现以海洋信息化建设带动海洋各项事业的健康发展。

第五，用信息化手段和信息化产品，做好各项决策的保障支撑，为海洋可持续开发利用奠定基础。

（三）数字海洋的主要内容

数字海洋的主要内容包括：建设近海海洋信息基础平台、海洋综合管理信息系统和数字海洋原型系统；逐步完成数字海洋空间数据基础设施的构建，基本满足全国中比例尺（局部区域大比例尺）海洋空间数据的获取、交换、配准、集成、维护与更新要求；重点突破数字海洋建设所急需的支撑技术；完成数字海洋原型系统的开发，实现试运行，并开展应用示范研究，开发出一批可视化程度高的新型海洋信息应用产品。

（四）数字海洋的作用

1. 数字海洋在海洋认知中的作用

海洋是一个多变的复杂体，依靠海洋观测站、船舶调查等传统观测方式仅能提供有限的静态和动态数据。这种观测海洋的局限性，造成了对海洋的认知是滞后的，缺乏对海洋变化过程的了解。以信息高新技术为基础的数字海洋，采用海洋立体观测方式，全面综合而持续地从海洋中采集数据。这使得科学家能够综合大量的静态与动态数据，通过实际观测掌握海洋自然演变过程，使海洋认知实现了质的飞跃。

2. 数字海洋在海洋管理中的作用

信息技术应用于海洋管理后，实现了海洋管理的信息化、网络化和智能化，即在数字海洋框架下的海洋现代化管理。例如，在维护海洋权益上，数字海洋的实时立体观测体系，能够对我国沿海200海里范围内的经济专属区海域，进行全天候无遗漏的实时监视，任何违反我国法律的海洋活动和行为如非法勘探、非法排污等，都将在第一时间通过无缝高速网络系统传回我国海监指挥中心，以便及时形成维权决策，并以最快的速度调集海监执法飞机和船只赶到维权地点，确保国家的海洋权益不受侵犯。

3. 数字海洋在海洋开发中的作用

海洋开发的演进与科学技术的进步是密不可分的，海洋开发的程度受制于对海洋的认知程度，而对海洋的认知程度又取决于所采用的工具与手段。数字海洋强大的信息集成和综合展示功能，为每一个海洋开发项目提供了大范围、精确的海洋环境数据。同时，利用网格、超级计算等信息技术，将项目的需求、效益、成本以及对周边海域的影响等进行综合，向决策者展示最佳方案。数字海洋为人类真正走出海洋开发的盲目性，提供了可靠的基础保障，是可持续开发利用海洋的前提。

4. 数字海洋在公益服务中的作用

数字海洋为海洋公益服务带来革命性的变革，通过整合气象、海洋、海事、渔政、水务等部门信息系统，数字海洋为环境保护、海上出行、救助打捞等提供了强大的技术支撑。如建立油指纹库和管理信息系统，为溢油事故责任人的认定提供足够证据、为事故快速鉴定提供技术支持；建立船籍数据库后，可以在千里之外进行船型识别和导航，为海上出行、救助打捞提供服务。

第四节　智慧海洋和透明海洋

一、从智慧地球到智慧海洋

智慧地球是人类应对全球危机、改善全球状况的思考和思考之后的战略。随着经济的发展和人口持续增长，人类面临着"人口过度""资源紧缺""环境恶化""灾害频发"等问题，要解决以上四类问题，急需一种智能有序的方法来管理、运行和利用地球。在此基础上，智慧地球呼之欲出。

智慧海洋是智慧地球的一个分支，是智慧地球在海洋领域的具体实施。智慧海洋是"海洋工业化＋海洋信息化"深度融合的发展模式，也是"互联网＋"时代的海洋形态，更是日趋成熟的陆地智慧产业（如智慧城市、智慧交通、智慧医疗等）向海洋领域的拓展。智慧海洋依托先进的电子信息、网络通信以及海洋装备相关技术，将实现对海洋的立体全面感知、广泛互联互通、海量数据共享，形成包括智慧航运、智慧港口、智慧渔业等多种智能化服务在内的智慧海洋信息服务产业。智慧海洋是以完善的海洋信息采集与传输体系为基础，以构建自主安全可控的海洋云环境为支撑，将海洋权益、管控、开发三大领域的装备和活动进行体系整合，运用工业大数据和互联网大数据技术，实现海洋资源共享和海洋活动协同。智慧海洋是全面提升经略海洋能力的整体解决方案。

二、智慧海洋建设的可行性

建设智慧海洋是转变海洋管理与开发方式、提升海洋经济发展质量的客观要求。智慧海洋是一个复杂的、相互作用的系统。在这个系统中，信息技术与其他资源要素优化配置并共同发生作用，促使海洋管理与开发更加智慧地运行。智慧海洋建设以信息技术应用为主线，必然涉及以物联网、云计算、移动互联和大数据等新兴热点技术为核心和代表的信息技术的创新应用。智慧海洋力求通过信息技术与传统海洋技术和方法相结合，提高各项海洋活动的效率、智能性和安全性。

我国建设数字海洋具有可行性，体现在以下几个方面。

（一）雄厚的基础设施

我国近几年经过数字城市、数字海洋、海洋信息化的发展，信息产业发展势头强劲，信息基础设施已经较完备，物联网相关领域积累了一定的基础设施；海洋观测设施也取得了长足的发展，包括海洋卫星、海洋浮标、海洋观测仪器研发等也积累了一定基础。

（二）坚实的技术基础

我国现阶段已经在云计算、物联网、大数据等方面奠定了坚实的技术基础，多年来智慧城市的建设成果也为智慧海洋积累了技术基础；在信息软件方面开发了一大批信息管理系统，海洋信息管理系统也初具规模；支撑技术方面，包括信息化相关标准、法规政策、人才储备都具有良好的基础，可以为全面建设智慧海洋提供强有力的支撑。

（三）丰富的建设经验

全国的智慧城市建设示范工程，数字海洋建设示范项目，各行业的智慧系统，包括公共安全应急指挥系统、智慧电子政务系统、智慧社区、智慧交通、智慧医疗、智慧家庭的建设与研发都为智慧海洋实施和建设提供了丰富的经验。

（四）强劲的科技支撑力

从科技支撑方面看，我们国家拥有众多掌握先进信息技术和智能系统理论的高等院校、研究所，具有科技优势；拥有研发海洋仪器设备、无人潜艇、海洋机器人的部门和企业，具有应用技术优势。国家"863"计划、"973"计划、海洋公益专项等都支持的海洋科研项目，必然激发强劲的科技创新能力。

（五）巨大的社会需求

全世界正在由陆地转向海洋，蓝色经济建设正积极开展，信息技术的发展，特别是人工智能在各个领域的深入应用，使智慧海洋建设成为社会发展的必然。我们国家海洋权益的维护、海洋环境的保护、海洋资源的开发利用、海洋生态的研究、海洋军事建设、海洋信息服务等方方面面对智慧海洋都有着强烈的社会需求。

（六）强大的综合经济实力

我国国民生产总值位居世界前列，国家综合实力日益增强，可以为智慧海洋建设提供经济支持；国家海洋局、国家海监局、国家海洋研究所、海洋渔业部门等涉海部门都会以不同的形式给予海洋研究和海洋信息化以资金投入，这都为进一步的智慧海洋建设提供了经济基础。

三、透明海洋的提出和意义

（一）透明海洋的提出

透明海洋概念是中国科学院院士、青岛海洋科学与技术国家实验室主任吴立新于2013年提出的。透明海洋从根本上讲就是构建海洋观测体系，支撑海洋的过程与机理研究，进一步预测未来海洋的变化，从而实现海洋状态"透明"、过程"透明"和变化"透明"。

透明海洋是在数字海洋的基础上提出来的，是一种海洋工程构想，是针对我国南海、西太平洋和东印度洋，实时或准实时获取和评估不同空间尺度的海洋环境信息，研究多尺度变化及气候资源效应机理，进一步预测未来特定一段时间内海洋环境、气候及资源的时空变化。透明海洋是由数字海洋向海洋环境信息应用迈出的重要一步，将大幅提升我国认知海洋的能力。然而认知海洋只是基础，经略海洋才是目标，如何充分利用透明海洋所提供的信息提升经略海洋的能力则属于智慧海洋的范畴。

透明海洋概念的提出有着非常深刻的时代背景。随着全球环境恶化、气候变暖、海灾频发等问题的日益突出，海洋的战略意义又在关系全球可持续发展的环境、气候等重大问题上得到了进一步的体现。海洋可持续发展带给人类的一个重大科学问题就是：在全球变化背景下海洋环境多尺度变化及气候资源效应预测问题。要解决这一重大科学问题，需要将海洋变成透明海洋。海洋是解决人类社会面临的资源、环境和气候三大问题的关键，海洋价值的充分实现，首先需要人们依靠科技手段实现对海洋的了解和认知。认知海洋就是要使海洋"透明化"，利用先进的科技手段对海洋资源、环境进行立体观测和探测，对变化状态做出科学预测，较全面准确地掌握海洋资源、环境和气候等方面的动态变化信息，在此基础上实现对海洋资源的合理开发，对海洋资源、环境、气候变化状态的科学预测预报。基于这样的战略考量，透明海洋的概念也就应运而生，透明海洋建设开始从概念走向实践。

（二）透明海洋的意义

透明海洋的提出和实施，其意义在于以下方面：①加快提升海洋观测技术与装备自主创新能力；②加速立体化海洋观测系统建设；③推进重大海洋科学问题研究；④助力国家战略实施和海洋发展；⑤提高海洋观测科技领域国际竞争力；⑥支撑和促进智慧海洋实施和发展。

透明海洋的本质是构建我国海洋观测体系，为海洋数据的实时/准实时获取提供技术支持。透明海洋的实施必然建成我国海洋全方位的智能立体观测网，必然实现我国海洋环境的实时动态观测，必然为我国海洋研究、管理和开发积累综合海洋数据。

智慧海洋是海洋信息化的最高阶段，其核心内容是对海洋地理空间数据的实时获取、智能化处理，为海洋政府部门、海洋军事部门、涉海行业部门、公众提供智能化的服务，以实现海洋的集约、绿色、可持续发展。透明海洋所构建的海洋观测体系本身就是智慧海洋建设的一部分，透明海洋所积累的数据为智慧海洋提供了丰富的数据资源，所以透明海洋作为海洋信息化的阶段工程，必将支撑和促进海洋信息化高级阶段——智慧海洋的实施和发展。

第二章 海洋科学大数据获取及其特征

第一节 海洋大数据的获取

一、空基监测平台海洋数据的获取

（一）海洋卫星遥感／影像数据

1. 海洋卫星遥感的主要仪器

海洋卫星遥感是指利用卫星遥感技术来观察和研究海洋的一门学科，是海洋环境立体观测的主要手段。海洋卫星遥感能采集 70% ~ 80% 海洋大气环境参数，为海洋研究、监测、开发和保护等提供了一个崭新的数据集，这些信息是人类开发、利用和保护海洋的重要信息保障。海洋卫星分为海洋观测卫星和海洋侦察卫星，目前常用的海洋卫星遥感仪器主要有雷达散射计（radar scatterometer）、雷达高度计（radar altimeter）、合成孔径雷达（synthetic aperture radar，SAR）、微波辐射计（microwave radiometer）及可见光／红外辐射计（visible light/infrared radiometer）、海洋水色扫描仪（ocean color scanner）等。雷达散射计提供数据可反演海面风速、风向和风应力以及海面波浪场。利用散射计测得的风浪场资料，可为海况预报提供丰富可靠的依据。星载雷达高度计可对大地水准面、海冰、潮汐、水深、海面风强度和有效波高、"厄尔尼诺"现象、海洋大中尺度环流等进行监测和预报。利用星载雷达高度计测量出赤道太平洋海域海面高度的时间序列，可以分析出其大尺度波动传播和变化的特征，对"厄尔尼诺"现象的出现和发展进行预报；它能在整个大洋范围测出海面动力高度，是唯一的大洋环流监测手段。合成孔径雷达可确定二维的海浪谱及海表面波的波长、波向和内波。根据 SAR 图像亮暗分布的差异，可以提取海冰的分冰岭、厚度、分布、水 – 冰边界、冰山高度等重要信息，还可以用来发现海洋中较大面积的石油污染，进行浅海、深河水下地形测绘等工作。微波辐射计可用于测量海面的温度，以便得出全球大洋等温线分布。如 NOAA–10、11、12 卫星上的先进甚高分辨率辐射仪（advanced very high resolution radiometer，AVHRR）为代表的传感器，可以精确地绘制出海面分辨率为 1 km、温度精度高于 1℃的海面温度图像。可见光/近红外波段能测量海洋水色、悬浮泥沙、水质等。

2. 海洋卫星遥感的国内外发展现状

海洋卫星观测始于 20 世纪 50 年代苏联发射的第一颗人造地球卫星。1960 年 4 月，美国国家航空航天局（National Aeronautics and Space Administration，NASA）发射了第一颗电视与红外观测卫星 TIROS-Ⅰ，随后发射的 TIROS-Ⅱ卫星开始涉及海温观测。1961 年，美国执行"水星计划"，航天员有机会在高空观察海洋。其后，"双子星座"号与"阿波罗"号宇宙飞船获得大量的彩色图像以及多光谱图像。目前国外的海洋卫星主要有美国海洋卫星（SEASAT）、日本海洋观测卫星系列（MOS）、欧洲海洋卫星系统（ERS）、加拿大雷达卫星（RADARSAT）等。

20 世纪 80 年代以来，我国开始重视海洋卫星遥感事业的发展，在风云 -1（FY-1）系列卫星遥感器的配置上，同时增配了海洋可见光和红外遥感载荷。1988 年 9 月和 1990 年 9 月发射了 FY-1A 和 FY-1B；1999 年 5 月和 2002 年 5 月发射了 FY-1C 和 FY-1D；2002 年 5 月发射了 HY-1A 卫星（中国第一颗用于海洋水色探测的试验型业务卫星），2002-2004 年，我国利用 HY-1A 卫星数据并结合其他相关资料，对发生在渤海、黄海、东海 24 次赤潮实施预警和监测，累计发布卫星赤潮监测通报 20 期，为我国海洋防灾减灾提供了重要的信息服务，并为海洋环境保护与管理提供了科学依据；2007 年 4 月发射了 HY-1A 的后续星 HY-1B。随后 2011 年 8 月 16 日发射了海洋动力环境卫星（HY-2）。

我国目前正处于研发阶段的海洋三号（HY-3）卫星为海洋雷达卫星，主要载荷为多极化、多模态合成孔径雷达，能够全天候、全天时和高空间分辨率地获取我国海域和全球热点海域的监视监测数据，主要为海洋权益维护、海上执法监察、海域使用管理，同时为海冰、溢油等监测提供支撑服务。

（二）海洋航空影像 / 遥感数据

航空影像 / 遥感数据是指依靠飞机、飞艇、气球等飞行器为飞行平台，搭载不同的遥感设备而获取的相关数据。航空遥感上搭载的航空遥感设备可分为：①机载航空摄影测量系统；②机载激光雷达；③机载成像光谱仪；④机载微波遥感仪器。

海洋航空影像 / 遥感数据主要用于海岛海岸带测绘、电站温排水、海上溢油、海冰、赤潮（绿潮）监测等。航空影像 / 遥感获取数据存在灵活机动、分辨率高、受天气影响大、覆盖范围小等特点，主要用于重点部位的遥感监测。

（三）其他空基影像 / 遥感数据

无人航空器（unmanned aerial vehicle，UAV）俗称无人机，是近年发展起来的一种集观测、侦察、监视、攻击于一身的空中平台。在海洋观测中，用于收集海上情报、部署无人水下航行器、监测水面水体状况。用于海洋观测的无人机，可以携带多种传感器包，例如气象、海面温度、超光谱水色、潮汐和波浪高度等。原则上，无人机可以一天或更长时间飞行在某个位置，可以进行高空间分辨率的时序采样，其主要用途为突发事件及灾害监测和高时效性的资源监测。无人遥感机可满足目前海监执法和海洋资源巡查要求，执行海洋执法监察、环境监测、环境保护等任务。

二、陆基监测平台海洋数据的获取

（一）沿岸海洋台站观测数据

海洋台站是建立在沿海、岛屿、海上平台或其他海上建筑物上的海洋观测站的统称。海洋台站自动观测系统是最基本的海洋观测装备，观测的参数与服务对象有关，其主要任务是在人们经济活动最活跃、最集中的滨海区域进行水文气象要素的观测和资料处理，以便获取能反映观测海区环境的基本特征和变化规律的基础资料，为沿岸和陆架水域的科学研究、环境预报、资源开发、工程建设、军事活动和环境保护提供可靠的依据，具有连续性、准确性、时效性的特点。

美国是建立海洋观测站进行海洋环境监测的国家之一，1981年就开始建设海洋环境自动观测服务系统。目前，美国的沿岸海洋气象观测网（C-MAN）约有70个，与锚系浮标网一起，由美国国家资料浮标中心（The National Data Buoy Center，NDBC）管理，主要为气象预报服务。美国国家资料浮标中心拥有1 042个观测平台的观测数据，其中758个能够提供实时资料。

日本作为一个岛国，四面环海，受海洋影响巨大，日本非常重视海洋环境的观测、监测工作。20世纪60年代中后期以来，日本对海洋的关注越来越强烈，并推动其海洋政策的屡次调整。由于海洋政策的导向作用，日本的海洋监测事业迅速发展，根据1994年的参考资料，日本沿岸有综合海洋站70余个、潮汐站150余个、波浪站200多个。

根据日本海洋学数据中心（Japan Oceanographic Data Center，JODC）资料，目前，日本近岸海域环境监测站数量多，基本覆盖了其近岸海域特别是人口比较稠密、海洋开发度高、经济比较发达的沿海地区。

我国在古代就开展了潮位的定点观测，这是中国最早的海洋观测站。1905年，德国人首先在青岛港一号码头修建验潮站开始海洋观测，到1949年新中国成立前夕，在中国沿海建立的海洋观测站约有20个。1958年，国务院批准了国家科委统一建设海洋观测站的报告，从1959年开始，在全国沿岸布设了119个水文气象站。截至1997年，我国有各种海滨观测站524个，其中海洋站61个、验潮站191个、气象台站113个、地震观测站158个、雷达站1个。全国联网监测的海洋污染监测站248个。2007年，根据国家海洋局新闻信息办公室发布的信息，我国有海洋站65个、固定验潮站70多个、监测台风雷达站 6 个、测冰站 1 个。

目前，我国先后建在沿海同时进行海浪、温盐、气象等多要素观测的站有 108 个，包括 14 个中心海洋站，其中东海区有 50 个，可进行潮汐、海浪、温盐、海冰、气象和污染等项目的观测、监测，海洋站观测系统初具规模。

（二）岸基雷达观测数据

岸基雷达观测又称岸基遥感观测，主要是通过在海岸上安装雷达设备实施对海洋要素进行监测，主要包括高频地波雷达（high frequence surface wave radar，HFSWR）和 X 波段雷达（X band radar，XBR）。

在海洋环境监测领域，地波超视距雷达具有覆盖范围大、全天候、实时性好、功能广、性价比高等特点，在气象预报、防灾减灾、航运、渔业、污染监测、资源开发、海上救援、海洋工程、海洋科学研究等方面有广泛的应用前景。

哈尔滨工业大学于 20 世纪 80 年代初开始开展高频地波雷达的研制工作。武汉大学在 1993 年完成高频地波雷达 OSMAR 样机的研制并在广西北海进行了海流探测试验；2001 年以来，西安电子科技大学也开展了综合脉冲孔径体制高频地波超视距雷达的研究；国产高频地波雷达分别于 2000 年 10 月、2004 年 4 月、2005 年 8 月、2007 年 8 月和 2008 年 8 月在东海等地组织进行了对高频地波雷达海洋动力学参数探测能力的五次海上现场对比验证试验，全面验证了国产高频地波雷达流场探测性能，其中 2008 年 8 月在福建示范区进行的比测试验证明国产高频地波雷达具备常规业务化运行能力。

X 波段雷达是对火控、目标跟踪雷达的统称，其波长在 3 cm 以下。X 波段雷达有上下左右各 50° 的视角，并且该雷达能够 360° 旋转侦察各个方向的目标。X 波段雷达将用于弹道导弹防御、测试、演习、训练，并协同观测比如太空碎片、航天飞机等的运动。X 波段雷达发射和接收一个很窄的波束，绝大部分能量都集中在主波束中，每一束波都包含一系列的电磁脉冲信号。X 波段雷达的波束将在环雷达 360° 角内，但是不会引导到与地平线水平位置。

部署在海岸上的 X 波段雷达称为海基 X 波段雷达，它由一个安装在海上平台的先进雷达系统所构成。X 波段雷达具有天线波束窄、分辨率高、频带宽、抗干扰能力强等特点，主要用于对弹道导弹、巡航导弹和隐形飞机等空中目标的探测。

（三）海洋浮标观测数据

海洋浮标观测是指利用具有一定浮力的载体，装载相应的观测仪器和设备，被固定在指定的海域，随波起伏，进行长期、定点、定时、连续观测的海洋环境监测系统。海洋浮标根据其在海面上所处的位置分为锚泊浮标、潜标和漂流浮标。锚泊浮标用锚把浮标系留在海上预定的地点，具有定点、定时、长期、连续、较准确地收集海洋水文气象资料的能力，被称为"海上不倒翁"。潜标可潜于水下，对水下海洋环境要素进行长期、定点、连续、同步剖面观测，不易受海面恶劣海况的影响及人为（包括船只）破坏，海洋潜标系统可以观测水下多种海洋环境参数。漂流浮标可以在海上随波逐流收集大面积有关海洋资料，其体积小、重量轻，没有庞大复杂的锚泊系统，具有简单、经济的特点，有表面漂流浮标、中型浮标、各种小型漂流器等。

1998 年，美国和日本等国家的大气、海洋科学家推出了一个全球性的海洋观测计划——ARGO（Array for Real-time Geostrophic Oceanography）计划，目的是借助最新开发的一系列高新海洋技术（如 ARGO 剖面浮标、卫星通信系统和数据处理技术等），建立一个实时、高分辨率的全球海洋中、上层监测系统，以便能快速、准确、大范围地收集全球海洋上层的海水温度和盐度剖面资料，以便了解大尺度实时海洋的变化，提高气候预报的精度，有效防御全球日益严重的气候灾害（如飓风、龙卷风、台风、冰雹、洪水和干旱等）给人类造成的威胁。

ARGO 计划的推出，迅速得到了包括澳大利亚、加拿大、法国、德国、日本、韩国等 10 余个国家的响应和支持，并已成为全球气候观测系统（Global Climate Observing System，GCOS）、全球海洋观测系统（Global Ocean Observing System，GOOS），全球气候变异与预测试验（Climate Variability and Predictability，CLIVAR）和全球海洋资料同化试验（Global Ocean Data Assimilation Experiment，GODAE）等大型国际观测和研究计划的重要组成部分。

中国海洋资料浮标的研制始于 20 世纪 60 年代中期。1965 ~ 1975 年是中国海洋浮标的起步阶段，在此期间共研制了 H23 和 2H23 两个型号的海洋浮标。1975 ~ 1985 年是中国海洋浮标研究试验阶段，在此期间共研制出 HFB-1、南浮 1 号、科浮 2 号等自动化程度较高的海洋资料浮标。20 世纪 90 年代是中国海洋浮标的发展阶段，在此期间研制出适用于水深 200 m 以内海域的 II 型海洋资料浮标 4 套，适用于近海陆架海区的小型海洋资料浮标 4 套，适用于水深 4 000 m 以内海域的深海海洋资料浮标 2 套。与此同时，国家海洋局从英国引进 MAREX 浮标 6 套，中国海洋石油总公司引进 2 套。

2005 年 11 月 22 日，由福建省海洋与渔业厅组织福建省海洋环境与渔业资源监测中心、国家海洋局闽东海洋环境监测中心站在蕉城区三都镇青山岛白基湾深水网箱养殖区边缘海域布放了海水水质监测生态浮标。2008 年 12 月 16 日，我国渤海海峡首座海洋气象浮标站在烟台海域建成。2009 年，"福建省海洋灾害监测与预警预报系统"研制的 3 号大浮标和海床基，成功布放于台湾海峡北部海域（东引岛外侧）。目前，大浮标和海床基运行状况良好，数据接收正常。2009 年 5 月，中国科学院海洋研究所黄海海洋观测研究站建设中的第一个海洋科学观测研究浮标系统，一个 2 m 垂直剖面立体观测研究浮标成功布放并开始试运行。另外，1 个 3 m 综合观测研究浮标和 3 个 2 m 常规观测研究浮标也在 6 月初完成海上布放。2009 年 8 月 14 日，东海海洋科学综合观测浮标锚泊就位于东海峡山以东预定位置，浮标系统观测数据采集、实时发送以及陆基数据接收站实时数据接收正常。

（四）调查船及走航断面观测数据

海洋调查船指专门从事海洋科学调查研究的船只，用于运载海洋科学工作者和海洋仪器设备到特定的海域上，对海洋现象进行观测、测量、采样分析和数据初步处理等研究工作。海洋调查船种类很多，划分种类的方法也有数种。依据海洋调查的任务和用途来分，有综合调查船、专业调查船和特种海洋调查船。

综合调查船又有"海洋研究船"之称，其主要任务是进行基础海洋学的综合调查，如美国的"海洋学家"号、苏联的"库尔恰托夫院士"号、日本的"白凤丸"号、法国的"让·夏尔科"号等。在船上除了具备系统观测和采集海洋水文、气象、物理、化学、生物和地质的基本资料和样品所需要的仪器设备之外，还应具备整理分析资料、鉴定处理标本样品和进行初步综合研究工作所需要的条件和手段。

特种海洋调查船是为了解决某项任务，专门建造的构造特殊的调查船。目前最引人注目的有以下几种：宇宙调查船、极地考察船、深海采矿钻探船。

世界海洋调查船的发展已经有 100 多年的历史，1872 ~ 1876 年英国海洋调查船"挑战者"号（H.M.S.Challenger）所进行的全球大洋调查，将人类研究海洋的进程推进到新的时代。"挑战者"号是世界第一艘海洋调查船。此后，其他海洋国家也相继改装成一些海洋调查船进行大洋调查。

20 世纪 60 年代，海洋调查船大发展。1962 年，美国建造"阿特兰蒂斯 D"号（Atlantis Ⅱ），首次安装了电子计算机，标志着现代化高效率海洋调查船的诞生。

我国第一艘海洋调查船为"金星"号，是 1956 年由一艘远洋救生拖轮改装而成的，适用于浅海综合性调查。60 年代开始，中国先后建造和引进了大批大、中、小型调查船。1960 年，设计建成 800 t 的"气象 1 号"，1978 年 11 月建成 4 000 t 级海洋综合调查船"向阳红 9 号"。1979 年，又建成 1.3 万 t 的"向阳红 10 号"海洋调查船，其航速 20 kn（1 kn=l.852 km/h），设有 24 间实验室和研究室，可进行多学科综合考察。

"大洋一号"为中国第一艘现代化的综合性远洋科学考察船，也是我国远洋科学调查的主力船舶，可进行海洋水文物理、海洋气象、海洋化学、海洋地质地貌、海洋生物、海底锰矿等科学调查研究工作。

"雪龙"号是我国最大的极地考察船，也是目前我国唯一能在极地破冰前行的船只。"雪龙"号耐寒，能以 1.5 kn 航速连续冲破 1.2 m 厚的冰层（含 0.2 m 雪），主要执行赴南极、北极科学考察与补给运输任务。2010 年 8 月 6 日，"雪龙"号"轻松"打破了中国航海史最高纬度纪录——北纬 85 度 25 分。

从 1994 年 10 月首次执行南极科考和物资补给运输起，"雪龙"号已先后 31 次赴南极，至 2014 年 7 月已 6 次赴北极执行科学考察与补给运输任务，足迹遍布五大洋，创下了中国航海史上多项新纪录。

三、海底监测平台海洋数据的获取

（一）海洋潜标平台的数据

海洋潜标系统是系泊于海面以下的可通过释放装置回收的单点锚定缆紧型海洋水下环境要素探测系统，主要用于深海测流和深层水文要素的监测，具有其他观测设备不可替代的功效，是海洋环境立体监测系统的重要组成部分。海洋潜标系统一般配置有声学多普勒海流剖面仪（acoustic Doppler current profiler，ADCP）、声学海流计、自容式温深测量仪和自容式温盐深测量仪（conductivity–temperature–depth system，CTD）及海洋环境噪声剖面测量仪等。该系统可用于对水下温度、盐度、海流、噪声等海洋环境要素进行长期、定点、连续、多测层同步剖面观测。由于海洋潜标系统具有观测时间长、隐蔽、测量不易受海面恶劣海况及人为船只破坏的影响等优点，广泛应用于海洋调查和科学研究。潜标锚定于水下，可定点进行连续自记，并按指令定期上浮回收。

潜标技术是 20 世纪 50 年代初首先在美国发展起来的。随后，苏联、法国、日本、德国和加拿大等国也相继开展研究和应用。美国从 60 年代初到 80 年代初平均每年布设50 ~ 70 套潜标系统。在墨西哥湾和西北太平洋的一些观测站，经常保持 20 套左右的潜标系统。美国海军从 70 年代初开始发展军用潜标系统，并且每年布放几十套，是海流剖面资料的最大用户之一。英国从 60 年代到 80 年代中期，共布放了 400 余套潜标系统。日本于 70 年代初开始研制和使用潜标系统，在每年两次南太平洋调查中，在两条主要的观测断面上，每次布放十几套测流潜标。另外，在各种重大的国际合作研究项目中，也常常布放大量的潜标系统。到 80 年代，国际上潜标系统已广泛应用于海洋调查、科学研究、军事活动、海洋开发等方面。

我国于 20 世纪 70 年代开始海洋潜标技术研究。1982 年，国家海洋局立项研制千米测流潜标系统，首次观测到连续 15 天的南海某海域 900 m 深处的海流数据。1987 年，国家海洋局海洋技术研究所研究深海 4 000 m 测流潜标关键技术，在中日合作的黑潮调查中，布放了四套潜标系统，成功回收了三套。随后又研制了 200 m 水深以内的浅海潜标系统，并在南海珠江口西部海域与资料浮标同步观测。20 世纪 90 年代以来，随着我国海洋科学研究、海洋综合利用和国防事业发展的需要，我国对海洋环境监测的力度不断加强，对海洋水下环境监测仪器设备的需求日益增加，海洋潜标系统在我国也逐渐得到了较广泛的应用。

（二）海床基平台的数据

海床基观测，是将单台或多台仪器设备固定在海床上，一般放在海底被观测对象附近，组成观测系统，进行定点、长期观测，包括海底观测站、观测链和海底观测网，这些系统会产生大量的海洋观测数据。海床基观测系统可以实时监视海里的情况，还能为海下的科研探索提供方便的平台，同时对海洋灾害（如地震、海啸等）进行有效预警。

海床基观测系统，最初是受海军的水声监视系统启发。20 世纪 70 年代末期，海底观测系统开始步入海底环境监测的领域。在海底观测系统建设上，比较有代表性的有中国、日本、美国、加拿大及欧洲部分国家和区域。

1978 年，日本在 ARENA 和 DONET 计划中，建造了第一个由海底电缆构成的海底实时观测系统，系统为沿日本海沟构造跨越板块边界的光缆连接观测网络。该系统用于地震、地球动力、海洋环流、可燃冰、水热、生物等研究，能实现实时监测地震以及伴随的海啸。20 世纪 90 年代日本建造了 6 个海底观测系统用作试验，多为科学节点，还不是海底观测网。

美国在 1996 ~ 1998 年建立了水下生态系统观测网（LEO-15）、夏威夷水下地球天文观测站（HUGO）和夏威夷 –2 观测站（H2O）三个海底观测系统。

美国与加拿大在 1998 年启动"海王星（Neptune）计划"，计划建设的主要目的是开展板块构造与地震、深海生态系统，以及海洋对气候、生态的影响研究。计划建立了33 个观察中心，共铺设了 3 000 km 的光缆，布设的仪器观测设备主要包含潜标、CTD、ADCP、人工磁场海流计、波浪传感器、光源和相机、营养盐测量仪、地震仪以及遥控潜水器（remote-operated vehicle.ROV）、自治式潜水器（autonomous underwater vehicle，AUV）、漫游机器人（ROVER）等。

2004 年，英国、德国、法国制订了欧洲海底观测网计划（European Sea floor Observatory Network，ESONET），该计划与海底"海王星计划"类似，主要目的是开展长期战略性海底监测，系统在大西洋与地中海精选 10 个海区建立观测网，不同海区的网络系统组成一个联合体，共使用了 5 000 km 的海底电缆。ESONET 承担一系列海洋与地球科学研究项目，诸如评估挪威海海冰的变化对水循环的影响、监视北大西洋的生物多样性、监视地中海的地震活动等。

我国在海底观测系统上做了大量的研究，自行研制出了海床基观测系统。该系统可观测海流剖面、潮位、波浪、盐度、温度等环境参数，最大布放深度 100 m，水声通信，经水面浮标和卫星通信转发至岸站。

随着传感器技术、互联网技术、机器人技术和海底光纤电缆技术等相关技术的快速发展，海底观测系统也开始向多学科节点、多功能的长期海底观测网络转变。

四、历史海洋数据

长期以来，研究者在对海洋进行开发和研究的项目中积累了大量的历史数据，这些数据涉及的面比较广，数据类型也比较复杂，这些数据基本采用纸质为主要载体。总体上可以分为两大类：文本数据和海图数据。

（一）历史文本数据

海洋历史文本数据主要包括长期以来通过手工填写在纸质介质上的数据。另外一种历史数据是存放在一些零碎的大量文件上的数据，这些文件格式常见的有文本数据、电子表格数据等。这些历史数据在项目的研发过程中被整理和数字化到数据库中，也是海洋大数据的一个组成部分。

（二）历史海图数据

海图是地图的一种，是以表示海洋区域制图现象的一种地图。海图根据其媒介可以分为纸质海图和电子海图，电子海图又可划分为矢量化海图和光栅扫描海图。早期由于信息化水平低，海图数据多以纸质海图存在，随着计算机技术和航海技术的发展，越来越多原先的历史海图，特别是被重点关注的、小比例尺的海图被数字化。我国作为一个航海大国，发展制作电子海图并推广应用是海道测量组织努力的目标。

第二节　海洋数据的特征

随着海洋数据获取技术的更新和获取手段的增多，数据获取的速度及精度在不断提高，导致海洋数据的数据量越来越大，呈现海量性特征；海洋数据的获取手段多样化，使得海洋数据的类型多样化，观测要素多元化，故海洋数据呈现多类性特征；同时，海洋数据是一类典型的空间数据，其在空间域上呈现了空间相关性和异质性的特征，在时间域存在时效性特征；而海洋作为国家战略和经济关注热点，其海洋数据具有不同的安全性等级。海洋数据的海量性、多类性、异质性、时效性以及安全性特征，使得海洋数据成为大数据的典范。

一、海洋数据的海量性

空天地底海洋立体观测网的建立，使得海洋数据的"量"呈几何级数增长，而遥感和浮标成为海洋数据"量"急剧增长的主要观测手段。

（一）遥感观测数据

截至21世纪前十年，全球已经发射了40多颗海洋卫星，按照其观测内容的不同主要有三类：

第一，用于探测海洋水色要素，监测海洋环境变化及全球碳循环研究的海洋水色卫星，如Terra、Aqua和AMSE等卫星。

第二，用于获取海面高度或冰盖高度、有效波高、海面地形和粗糙度等参数，反演大洋环流、潮汐、海浪、海表面风等动力参数信息的海洋地形卫星，如 Topex/Poseidon Jason-1/2 和 ICESat 等卫星。

第三，用于探测海面风速和风向、表面海流和平均波高等动力参数的海洋动力环境卫星，如 ERS-1/2、Envisat、HY-2 等卫星。

海洋卫星遥感的原始数据量巨大，同时获取数据的成本和代价高昂。

中国首颗海洋卫星 HY-1A 发射于 2002 年，是一颗三轴稳定的准太阳同步轨道试验型应用卫星，用于探测海洋水色水温，评估渔场，预报鱼汛，监测海洋污染、河口泥沙、海岸带生态和冰情等。2007 年发射 HY-1B 海洋水色卫星。2011 年发射 HY-2 海洋卫星，周期为 104.50 min，主要监测海洋动力环境，获得包括海面风场、海面高度场、有效波高、海洋重力场、大洋环流和海表温度场等重要海况参数。2019 年发射 HY-3 海洋卫星。计划在 2022 年前我国将发射 8 颗海洋系列卫星，包括 4 颗海洋水色卫星、2 颗海洋动力环境卫星和 2 颗海陆雷达卫星。

目前，我国卫星数据接收站能接收我国 HY-1 系列卫星、FY-1 系列卫星、FY-2 系列卫星，美国 NOAA 系列卫星、SeaWiFS 卫星、EOS/MODIS 卫星以及日本 MTSAT 系列卫星等的遥感数据。这些卫星遥感数据经处理后，可以提供诸如海温、海冰（包括极地海冰）、海洋水色、海洋污染、海上台风、海雾以及海岸带动态监测等所需的高精度海洋遥感应用产品，用于海洋环境监测、海洋灾害监测、海洋环境数值预报、海洋科学研究等不同领域。此外，中国科学院中国遥感卫星地面站接收的加拿大 RadarSat-1/2 卫星 SAR 数据和欧洲太空局 Envisat 卫星 ASAR 数据也已用于我国的海上溢油监测。

（二）浮标观测数据

浮标是应用广泛的一种海洋数据获取手段，能够实现对海洋环境要素和大气环境参数的连续、实时数据采集，观测结果具有较高的精度。美国国家资料浮标中心拥有 1 042 个观测平台的观测数据，其中 758 个能够提供实时资料。1998 年，美国等国家的大气、海洋科学家提出了"ARGO 全球海洋观测网计划"。该计划在 2000 ~ 2004 年在全球大洋每隔 3 个经纬度布设一个 ARGO 剖面浮标，共计 3 000 个，每个浮标每隔 10 天发送一组取自 2 000 m 到海面的温度和盐度剖面资料，实现了长期、自动、实时和连续获取大范围、深层海洋资料，旨在快速、准确、大范围地收集全球海洋上层的海水温度、盐度剖面资料，以提高气候预报的精度，有效防御全球日益严重的气候灾害给人类造成的威胁。

在过去的几十年间，由中国、美国、澳大利亚等 30 多个沿海国家布放的约 8 500 个 ARGO 浮标所组成的全球 ARGO 实时海洋观测网，首次实现了真正意义上的对全球海洋上层温度、盐度和海流的实时观测。我国的海洋浮标研究起步于 20 世纪 60 年代，代表性成果是 HFB-1 型海洋水文气象浮标。2002 年初我国正式加入国际 ARGO 计划，并成立中国 ARGO 实时资料中心，承担中国 ARGO 浮标的布放、实时资料的接收和处理、资料质量控制技术/方法的研究与开发等。2012年，中国第五次北极科考队在挪威海布放了中国首个极地大型海洋观测浮标，这是我国首次将自主研发的浮标和观测技术推广到北极海域，并利用大型浮标对海气相互作用进行连续观测。

二、海洋数据的多类性

由于海洋观测手段的多样化，导致海洋数据的类型多样化，见表2-1。

表2-1　海洋数据类型和数据格式

观测要素分类	属性	数据类型	举例	数据格式
海洋遥感数据	经度	DECIMAL（9，6）	112.985 623	影像数据：img格式、tif格式、bmp格式 属性数据：txt格式、csv格式 矢量数据：shape格式、sde格式 图片资料：img格式、png格式
	纬度	DECIMAL（8，6）	39.783 621	
	时间	NUMBER（8）	20070924	
		String（10）	2007/09/24	
		年 NUMBER（4）	2007	
		月 NUMBER（2）	09	
		日 NUMBER（2）	24	
海洋水文数据	水温	DECIMAL（4，2）	13.83℃	文本文件：word格式、txt格式 影像数据：tif格式、jpg格式 属性数据：mdb格式、txt格式、netcdf格式、xbt格式、ctd格式
	潮高	NUMBER（4）	110 cm	
	潮时	NUMBER（4）	14时	
	盐度	DECIMAL（3，1）	12.5 mg/L	
	波数	NUMBER（3）	120个	
	波高	DECIMAL（3，1）	12.2 m	
	水深	DECIMAL（3，1）	13.2 m	
	透明度	DECIMAL（3，2）	13.2 m	
海洋气象数据	能见度	NUMBERC5）	100 m	影像数据：tif格式、png格式、bmp格式 属性数据：csv格式、txt格式、excel格式、cnv格式
	风速	DECIMAL（3，1）	3.1 m/s	
	风向	String（5）	8°	
	气温	DECIMAL（4，2）	25℃	
	降水量	DECIMAL（4，1）	110.3 mm	
海洋化学数据	溶解氧	DECIMAL（8，6）	12.56 mg/L	属性数据：excel格式 word格式、mdb格式、csv格式、xml格式
	pH值	DECIMAL（3，2）	6.32	
	硫化物	DECIMAL（8，6）	13.2 mg/L	
	硝酸盐	DECIMAL（8，6）	14.6 mg/L	
	亚硝酸盐	DECIMAL（8，6）	12.5 mg/L	
	活性磷酸盐	DECIMAL（8，6）	18.4 mg/L	
	石油类	DECIMAL（8，6）	54.3 mg/L	
	叶绿素a	DECIMAL（8，6）	19.3um/L	
	汞	DECIMAL（8，6）	54.3 mg/kg	

	海域面积	DECIMAL（8，4）	12 km²	
	生物量	DECIMAL（8，3）	215.2 mg/m³	
	总种数	NUMBER（10）	43 种	
	总个体数	NUMBER（10）	21 个 /m³	属性数据：csv 格式、mdb 格式、
海洋生物数据	数量	NUMBER（10）	214 个 /m³	dmp 格式
	密度	NUMBER（10）	13 个 /m²	
	质量	DECIMAL（3，2）	12.23 g	
	细胞数量	NUMBER（10）	163 个 /m²	
	采样深度	DECIMAL（4，2）	21.21 m	

　　不同的观测手段其观测要素有所侧重，但各观测手段之间观测要素有重复现象存在。由于其观测手段不同、观测周期不同，同一要素也表现出不同的类型。通过查阅相关文献资料，将海洋数据的观测要素按照观测平台归纳为表 2-2。

表 2-2　海洋数据观测体系、监测技术和监测要素

观测体系	监测技术	监测要素	
海基调查与观测	波浪浮标	锚定浮标 主测波浪（频率：3 min 一次）	
	水质浮标（采集频率：30 min 一次）	营养盐、pH 值、盐度、溶解氧	
船基调查与观测	海洋调查船	海洋水文	水色、温度、海流、波浪、海冰、盐度
		海面气象	空气温度和湿度、气压、能见度
			冻结物、光、声、电、干悬浮物、海面的降水、水汽凝结物（云除外）
			风 风向、风速
			云 云状、云量、云高
		海洋化学	溶解氧、COD、硝酸盐、pH 值、铵盐
		海洋生物（逐月、季度调查）	浮游生物、植物、叶绿素
		海洋底质与悬浮体	pH 值、石油类、重金属（铜锌铅镉汞）、有机物
		地球物理	海水深度、海底地形、地貌、地磁、重力、前地层剖面
		海洋物理	海洋环境噪声、海水声速、海洋中声能传播损失、海底声特性
			固有光学特性、表面光学特性、水下辐照度
	船舶监测（监测周期：每年 1～2 次）	水文要素	温度、潮流、冰、波浪
		气象要素	云、能见度、温度、湿度、压力
		化学要素	盐度、溶解氧、硝酸盐、亚硝酸盐、氯化物、总碱度、pH 值、活性磷酸盐、铵盐、活性硅酸盐
		污染要素	重金属、污染物含量

　　由表 2-1 和表 2-2 可以看出，同一类观测要素有多类观测手段，且其观测周期不同；同一观测手段可以观测多类不同的观测要素。海洋数据常见的类型有海洋遥感数据、海

洋水温数据、海洋气象数据、海洋化学数据以及海洋生物数据等。每种海洋数据又包括多种属性元素和数据格式，以海洋化学数据为例，其包含溶解氧、pH 值、总碱度、活性磷、活性硅酸盐、铵盐、硝酸盐、亚硝酸盐、硫化物、有机污染物、重金属、营养元素等多种属性元素，其属性数据又分为多种格式，如 excel 格式、mdb 格式、csv 格式、xml 格式等。可见海洋数据的属性元素种类繁多、格式多样，并且彼此之间相互依赖、相互影响，共同决定着数据质量的优劣。

此外，对于同一种属性元素的数据信息而言，也可能来源于不同的监测仪器，因此所采集数据的格式和标准也会有所不同，以海洋数据时间属性为例，可能会有表 2-3 所列三种数据格式。

表 2-3　时间属性元素的三种不同数据格式

属性名	数据格式		例子
时间	NUMBER（8）		2014/06/19
	String（10）		2014/06/19
	年	NUMBER（4）	2014
	月	NUMBER（2）	06
	日	NUMBER（2）	19

第三章 基于大数据技术的海洋信息监测系统设计

第一节 系统开发相关技术与海洋数据异常检测技术

本章重点介绍与海洋信息监测系统开发相关的 SOA 架构和安卓平台开发技术。采用 SOA 框架可以提高开发效率，采用安卓平台开发技术可以提高信息系统的部署速度。

一、SOA 架构 API 函数服务模型

在通用对象请求代理的前提下，新服务是建立在 SOA 架构之上的。例如，面向 API 函数的中间件技术需要非常规范的处理流程。这是因为，它可以便于 API 函数的统一使用。在系统中，面向服务的体系结构是一类应用程序。这类应用程序可以展开 API 函数交换。换而言之，此架构通过提供标准，可以产生、发送、接收相关数据。这类数据是经过 API 函数来配置的。此类 API 函数可以被配置成海洋信息监测系统所需的相关性质。在应用与开发过程中，SOA 架构是一个由众多软件工程师开发的、具有较强的应用程序编程 API 函数。该 API 函数自推出以来，已经在行业内得到了广泛的认可，从而已经成为事实上的标准。许多海洋监测机构数字技术引导型供应商开始支持 SOA 架构标准，基于 SOA 架构标准推出了各个厂商自己的 API 函数中间件产品。

SOA 架构为面向服务的体系结构程序提供了一种创建、发送、接收和读取海洋信息监测系统 API 函数的普通方法，其目的是提供给 API 函数系统客户一个固定的 API 函数，而且与底层的 API 函数提供者无关。近些年列出了 12 个经过许可的 SOA 架构实现者和 16 个未经许可的实现者。许多 API 函数中间件产品由于符合 SOA 架构规范，推进了应用程序的可移植性，这是一个特别大的优势。在这种方式下，消息处理机制应用程序可以在差异的机器和差异的操作系统之间移植，在差异的 API 函数传递系统之间转移。据此特点，SOA 架构尽量减少程序员使用的 API 函数产品的概念，但提供了足以支持 API 函数传递应用程序使用的功能。另外，SOA 架构规范中并非所有的内容都是必须实现的，

有相当一部分是实现者可以参照自己的需要展开选择实现的。

API 函数定义是在近些年开源领域中优秀的 SOA 架构的实现，是 Apache 公司用纯面向服务的体系结构语言编写的，完全支持 SOA 架构。它是一个成熟又功能丰富的 SOA 架构服务器或 API 函数代理，API 函数定义支持许多传输方式和客户机交互。以相当大规模的现有用户为基础，API 函数定义服务器完全可以独立工作而不依赖任何容器（J2EE 或者其他容器），同时也可以与其他 J2EE 服务器结合使用。

如上所述，SOA 架构是面向 API 函数中间件的通用的技术规范，它并不提供具体的实现，只是定义了一系列的规范来简化 API 函数服务功能的开发，其中有两个特别关键的模型：SOA 架构对象模型和 SOA 架构 API 函数传输模型，以下分别对这两个模型展开分析。

（一）SOA 架构对象模型

SOA 架构为使用 API 函数系统的客户提供了创建、发送、接收、阅读 API 函数系统中 API 函数的通用方法，支持 API 函数传输、事务和 API 函数过滤等机制。SOA 架构使用户能够通过 API 函数从一个 SOA 架构客户机向另一个 SOA 架构客户机发送 API 函数。基于 SOA 架构的消息记录传输模型由连接工厂、SOA 架构连接、SOA 架构会话、API 函数队列、API 函数生产者、API 函数使用者组成。

SOA 架构对象模型包含如下几个要素，连接工厂（ConnectionFactory），SOA 架构连接（Connection），SOA 架构会话（Session），API 函数队列（Destination），API 函数生产者（Message Producer），API 函数使用者（Message Consumer）。连接工厂是创建 SOA 架构服务的基础，由管理员创建连接工厂，然后消息处理机制可以利用连接工厂来创建 SOA 架构连接。SOA 架构连接表示 SOA 架构消息处理机制和服务器端之间的一个活动的连接，由消息处理机制调用连接工厂的建立方法来建立 SOA 架构连接。SOA 架构会话负责记录 SOA 架构消息处理机制与 SOA 架构服务器之间的会话状态。SOA 架构会话建立在 SOA 架构连接的基础之上。API 函数队列是实际的 API 函数源，是传输 API 函数的载体。API 函数生产者对象由 SOA 架构会话对象创建，用于发送 API 函数。API 函数使用者对象由 SOA 架构会话对象创建，用于接收 API 函数。

（二）SOA 架构 API 函数传输模型

API 函数传输模型由 API 函数传送服务端和 API 函数传送消息处理机制组成。在 SOA 架构 API 函数传输模型中，API 函数传送消息处理机制是基于 SOA 架构实现的消息处理机制应用程序，API 函数传送服务端称为 SOA 架构提供者。一个 SOA 架构应用程序是由一个 SOA 架构提供者和若干个 API 函数传送消息处理机制组成的。对于 API 函数传送消息处理机制，发送 API 函数的消息处理机制称为 API 函数生产者，接收 API 函数的消息处理机制称为 API 函数使用者。在许多应用程序中，一个 SOA 架构消息处理机制可以既成为 API 函数生产者又成为 API 函数使用者。基于此类的 API 函数传输模型，SOA 架构规范定义了两种最基本的 API 函数传输模式：点对点模式和发布 / 订阅模式。点对点模式通常被用于使用一对一的 API 函数传送方式的应用系统中，而发布 / 订阅模式通常被用于使用一对多的 API 函数传送方式的应用系统中。

二、SOA 架构 API 函数消息记录结构

在基于 SOA 架构的应用中，最终目的是要实现 API 函数的发送和 API 函数的接收，API 函数毫无疑问是 SOA 架构规范中最为关键的部分。为了满足各种不一样的需求，SOA 架构规范定义了许多类型的 API 函数。

一个 SOA 架构 API 函数由 API 函数头、API 函数属性、API 函数选择器、实际的 API 函数等元素构成，API 函数头包含 API 函数的基本信息，API 函数属性是对 API 函数头展开了必要的补充，使用者可以使用 API 函数选择器对 API 函数按照指定的属性展开过滤。API 函数对 API 函数中的消息记录及其事件的内容展开了组织，它由 API 函数类型所决定。

三、J2EE 技术

（一）J2EE 技术概念

J2EE（Java 2 Platform Enterprise Edition）是能改变海洋信息监测系统设计与开发的一种方案，它是能改善 Java 部署的一种有效技术。J2EE 技术实际上是基于 Java2 平台的标准化平台，不仅具有 Java 平台的诸多优势，而且全面支持 EJB、JSP、API、XML 等技术，从而提高了体系实用性。

（二）J2EE 技术优势

J2EE 技术具有以下显著优势：

1. 系统开发高效性

J2EE 体系结构将系统开发中复杂的服务端任务交由供应商完成，这样就简化了系统开发流程。开发人员只需要对面向海洋信息数据样本的系统逻辑进行专注开发，而不需要考虑服务端任务，因此大大节省了系统开发的时间。此外，中间件供应商还为系统开发人员提供状态管理服务、持续性服务以及分布式数据共享服务。

2. 良好的兼容性

基于 J2EE 体系的系统具有较好的兼容效果。J2EE 能够通过对应的体系结构及技术开发保证系统的正常运行。J2EE 体系结构下的系统不需要依赖特定的操作系统或中间件，因此在设计与开发系统时无须考虑用户所使用的客户端操作系统问题。此外，J2EE 体系

结构支持第三方组件，因此具备良好的支持异构功能，不仅节省了开发人员的工作量，同时也保证了系统功能，拓宽了系统应用范围。

3. 优越的稳定性

基于 J2EE 体系的系统具备良好的稳定性，实现全天候无故障运转，从而满足不同用户的实际需求。由于目前设计开发的系统多是基于互联网技术的 B/S 架构平台，因此一旦系统出现意外停机将会导致数据丢失、数据泄露等灾难性后果，造成严重的经济损失。采用 J2EE 体系的系统能够具备优越的稳定性，在采用 Windows 系统环境下保证系统能够长期稳定地运行。

四、MVC 架构

（一）MVC 架构概念

MVC 架构是图形化应用程序的一种架构模式。它能通过相应的控制器实现对应的架构搭建。而 J2EE 是海洋监测机构开发的一套技术解决体系，其中有很多技术，在 Web 开发中运行比较多的技术就是 JSP 和 Servlet。当我们想在浏览器中通过 Url 访问 Web 项目中的动态资源时，就需要用到 Servlet 技术。JSP 是一种涉及动态网页的技术，是动态页面，需要在 Web 容器中运行。

模型、视图及控制器共同形成稳定的 MVC 架构，用来系统开发。这一架构模式能更好地保证系统的稳定性及研发性。

（二）MVC 架构优势

实际上，MVC 架构不仅具有重用性的优势，还具有耦合性低、工程化管理、节省开发成本等优势。Spring 框架是一种轻量级的模块化的框架。Spring 支持通过 Spring 提供的容器去管理对象之间的依赖关系，对象属性的注入也完全交给了 Spring，管理起来更加方便。SpringMVC 是 Spring 框架中为使用者提供的一个模块，可以更好地将项目各模块进行严格的分离，让程序员烦琐的 Web 开发变得更加高效和简化。MyBatis 是用于连接数据库的开源框架。MyBatis 更为轻便、简洁，使用起来更加方便，对连接数据库的 JDBC 技术中底层烦琐的代码进行封装。

五、SpringBoot 框架

SpringBoot 是 Spring 框架的扩展，能够帮助开发者快速搭建 Spring 框架。其作用就是使文件配置、开发、测试等变得简单。本文的 SpringBoot 框架主要包括四个结构，面向海洋信息数据样本的实体层、面向海洋信息数据样本的 DAO 层、服务层、面向海洋信息数据样本的 WEB 层共同形成稳定的层级结构，而每个业务逻辑所编写出来的操作都是能更好地表现对应的能力所在，如实体层是体现对应文件编写能力的，而 DAO 层是确定持久化操作，服务层是对接口参数进行编写，WEB 层则实现页面与业务逻辑交互。如图 3-1 所示。

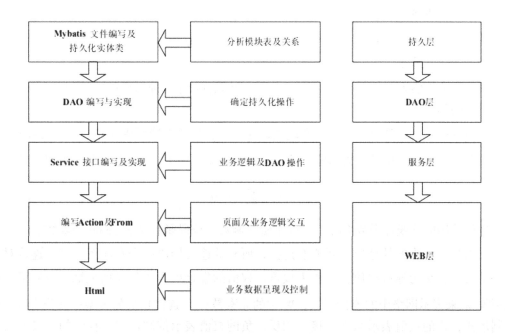

图 3-1 SpringBoot 框架

六、海洋数据异常检测技术

（一）海洋数据异常检测决策的相关算法和理论综述

1.K 均值聚类

本文所依赖的 K 均值算法的基础运行策略如下所示：

第一步，选取 K 个聚类中心作为海洋信息监测系统的海洋数据监测样本的聚类结果基础数据挖掘算法样本的 K 均值聚类算法迭代的聚类中心 $v_1^1, v_2^1, ..., v_k^1$。

第二步，对于海洋信息监测系统的海洋数据监测样本而言，聚类结果基础是数据。其挖掘算法样本 X（设进行到第 K 次迭代）如果 $|X - v_j^k| < |X - v_i^k|$，则 $X \in S_j^k$，其中 S_j^k 是以 v_j^k 为集类中心的样本集。

第三步，计算海洋信息监测系统的海洋数据监测样本。从聚类结果中，由基础数据挖掘出新内容，算法样本各聚类中心的新向量值：

$$v_j^{k+1} = \frac{1}{n_j} \sum_{X=s^k} X, (j=1,2,...,k) \tag{3-1}$$

式中 n_j 为 S_j 所包含的样本数。

第四步，如果 $v_j^{k+1} \neq v_j^k, (j=1,2,...,k)$，则回到第二步，将全部海洋信息监测系统的海洋数据监测样本聚类结果基础数据挖掘算法样本重新分类，重新迭代计算；如果 $v_j^{k+1} = v_j^k, (j=1,2,...,k)$，则结束。

2.BP 神经网络算法

神经元是人工神经网络的基本处理单元，它是一个多输入 – 单输出的非线性器件，其结构如图 3-2 所示。

图中，x_i 为输入信号，w_{ij} 表示从第 i 个神经元到第 j 个神经元的连接权值，θ_j 为第 j 个神经元的阈值。

神经网络是由大量简单处理单元组成，通过可变权值连接而成的并行分布式系统。

设 S_j 为外部输入信号，y_j 为输出信号，在上述模型中第 j 个神经元的变换可描述为

$$y_j = f\left(\sum_i w_{ij} x_i - \theta_j + s_j\right) \tag{3-2}$$

这里采用的非线性函数 f（x）可以是阶跃函数、分段函数及 Sigmoid 型函数。

人工神经网络的处理单元间相互连接，所有的连接构成一个有向图。每一连接对应于一个实数，称为连接权值，或称为权重。权值的集合可看作是长期记忆。我们可以用权矩阵 W 来表示网络中的连接模式，W 中的元素是 w_{ij}。连接权值的类型一般分为激发和抑制形式，正的权值表示激发连接。相反，负的权值表示抑制连接。权值的连接方式是人工神经网络的特征描述。

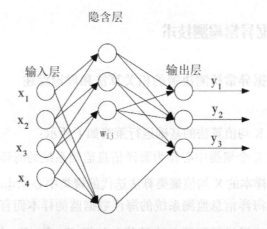

图 3-2 神经网络工作机制

如图 3-2 所示，隐节点函数限定为有界单调递增连续函数。研究人员发现，有界性是必要的，单调递增的限制条件并非必要，对网络的泛化机制和改进措施进行了系统的分析，指出最简单拓扑结构不仅有利于硬件的实现，也有利于网络泛化功能的改善，证明了 MFNN 仅用一个隐含层就可以逼近任意连续的非线性函数。MFNN 这一特点使其在信号处理及系统辨识、非线性控制等领域具有广泛的应用前景。

（二）Spark 平台在海洋信息监测系统中的应用

Spark 平台在海洋信息监测系统中应用的基本步骤使用流程如下：第一，检索（Retrieve）：利用检索能够从历史记录中发现与目标海洋信息数据结果最匹配的一个或若干个海洋信息数据结果；第二，重用（Reuse）：从检索出的海洋信息监测结果中获得若干个求解方案，若这些方案能解决问题，则重用这些方案，若不能解决，则转入下一步；第三，修改要求；第四，能够保留或者丢弃海洋信息监测系统例库的成例。这也是 Spark 平台对类同案例的求解方案进行修改以适应问题，海洋信息监测系统根据保留准则，将海洋数据监测样本聚类成例及其求解方案加入系统的自我学习。

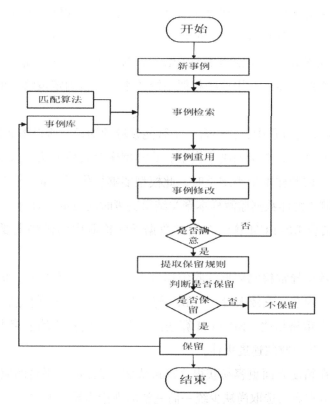

图 3-3 基于 Spark 检测方法的具体过程

从图 3-3 可以看出，Spark 平台在匹配算法的选取步骤中具有一定的研究空间，研究人员可以根据自己的实际需要对算法进行选取、改进和优化。

Spark 平台在海洋数据监测决策中应用的可行性分析：海洋信息监测系统海洋数据监测样本聚类结果进行决策时，需要考虑多方面的因素和变量，而这些因素和变量之间联系复杂，具有很大的不确定和主观性，难于处理，所以归纳和模拟出水质分析决策模型是困难的。由于水质预测人获取信息和处理信息的能力有限，不能全面考虑各个因素和变量，所以合理的水质分析有一定的难度。海洋信息监测系统海洋数据监测样本聚类结果决策过程是复杂细致的，即使有相关的理论知识和实际经验，但由于其高度无组织性和非结构性，人们不能研究出一个固定的解决方案，所以无法找到一个确定的算法和规则来解决问题。

由于水质分析决策无规则参考，所以在进行决策时，水质预测人会参考以前多年水质预测系统的经验数据。海洋信息监测系统的种类很多，而每一种类型，水质预测人都积累了丰富的水质分析资料。考虑到事例推理方法具有的优点，海洋信息监测系统海洋数据监测样本聚类结果的特点正好符合事例推理方法适用的范围，所以基于事例推理方法在海洋信息监测系统中的应用是可实现的。

基于事例推理方法可以应用到海洋信息监测系统海洋数据监测样本聚类结果决策领域是基于两者都需要并且具有相似性的特征。当遇到一个新海洋信息监测系统，水质预测人会参考以往众多成功水质预测系统的数据，与新系统的各方面信息比对，找出最相似的一个或几个系统，然后利用这些相似系统的水质分析确定策略，得出新系统的水质分析。

在运用 Spark 平台过程中，会结合人工智能领域的知识，所以本文提出基于 Spark 平台的海洋数据监测样本聚类结果决策模型。此模型融合其他方法，这样在海洋信息监测系统进行海洋数据监测样本聚类结果时，此模型能够提供更可靠、合理的水质分析，从而提高了水质预测人海洋数据监测样本聚类结果决策时的质量和效率。

Spark 平台结合 BP-FCM 算法在海洋数据异常检测中的优势主要体现在如下几个方面：

其一，海洋数据异常检测数据的收敛速度大幅度加快。在以往，海洋数据异常检测效果不佳的主要原因在于收敛太慢。与 BP 算法结合 Spark 的海洋信息监测系统海洋数据监测样本聚类结果策略相比，BP-FCM 算法由于采用了模糊 C 均值聚类相比增加了聚点的收敛指导因素，聚点收敛速度更佳。

其二，算法在精度方面更容易获得全局最优解。在 Spark 平台的应用过程中，BP 算法的网络的隐含节点数的选取尚缺少统一而完整的理论指导。因此，往往直接采用 BP 算法设计的决策模型仅仅能够得到局部最优解，而无法获得全局最优解。本章引入 C 均值聚类算法来引导 BP 神经网络算法初始点的选取过程，而形成的 BP-FCM 算法实现了初始点的科学选取。

（三）C 均值聚类在海洋信息监测系统中的应用

1.C 均值模糊聚类在海洋数据监测样本聚类结果中应用的基本原理

根据某种相似性准则把一个样本聚类结果基于数据挖掘算法分类叫数据样本分割。模糊聚类海洋数据监测样本聚类结果数据样本分割的优点是直观、实现容易。

实现原理是：设有海洋数据监测样本聚类结果基础数 $X = \{x_1, x_2, ..., x_n\} \in R^{pm}$，将它分为

c 类，u_{ik} 为 x_k 对第 i 类的隶属度，用一个模糊隶属度矩阵 $U = \{u_{ik}\} \in R^{cn}$ 表示分类结果，必须满足：

$$\begin{cases} u_{ik} \in \{0,1\}, 0 < i \leq c, 0 \leq k \leq n \\ \sum_i u_{ik} = 1, 0 \leq k \leq n \\ 0 < \sum_k u_{ik} < n, 0 < i \leq c \end{cases}$$
（3-3）

通过最小化关于隶属度矩阵 U 和聚类中心 V 的目函数 $J_m(U,V)$ 实现：

$$J_M(U,V) = \sum_{k=1}^{n} \sum_{i=1}^{c} (u_{ik})^m d_{ik}^2 (x_k, v_i)$$
（3-4）

其中，$U = \{U_{ik}\}$ 为满足条件 1 的隶属度矩阵，$V = \{v_1, v_2, ..., v_c\} \in R^{pc}$ 为 c 个聚类中心点集，$m \in (1, +\infty)$ 为加权指数，当 m=1 时，模糊聚类就退化为硬 C 均值聚类。

第 k 个样本到第 i 类中心的距离定义为：

$$d_{ik}^2 (x_k, v_i) = \|x_k - v_i\|_A^2 = (x_k - v_i)^T A (x_k - v_i)$$
（3-5）

其中，A 为 p^*p 的正定矩阵，当 A=1 时，即为欧氏距离。

2.C 均值模糊聚类在海洋数据监测样本聚类结果中应用的基本步骤

C 均值模糊聚类在海洋数据监测样本聚类结果中应用的基本步骤如下：

步骤一，初始化海洋信息监测系统的海洋数据监测样本聚类结果基础数据挖掘算法样本的聚类中心 $V = \{v_1, v_2, ..., v_c\}$；

步骤二，用随机数的方式初始化海洋数据监测样本聚类结果基础数据挖掘算法样本的属性度量矩阵；

步骤三，计算 C 均值聚类算法的算法样本的隶属度矩阵：

$$u_{ik} = \left[\sum_{j=1}^{c} \left(\frac{d_{ik}(x_k, v_i)}{d_{jk}(x_k, v_i)} \right)^{2/(m-1)} \right]^{-1} k = 1, 2, ..., n$$
（3-6）

步骤四，更新海洋信息监测系统的海洋数据监测样本聚类结果基础数据挖掘算法样本的聚类中心：

$$v_i = \frac{\sum_{k=1}^{n} (u_{ik})^m \cdot x_k}{\sum_{k=1}^{n} (u_{ik})^m} i = 1, 2, ..., c$$
（3-7）

步骤五，重复步骤三和四直到公式（3-3）的结果处于收敛状态。

当 $d_{ik}^2(x_k, v_i) = 0$ 时，会出现奇异值，隶属度不能用公式（3-6）计算。对非奇异值的类，其对应的隶属度值赋值为 0；出现奇异值的类，其对应的隶属度按公式（3-7）赋值。

七、K 均值与 C 均值在海洋数据聚类监测中的问题

K 均值聚类分析是一种硬划分，它把每一个待识别的对象严格地划分到某一类中，具有非此即彼的性质。而实际上海洋环境信息方面存在着中介性，没有确定的边界来区分。因此需要考虑各个像元属于各个类别的隶属度问题，进行软划分，从而更好区分。FCM

算法允许自由选取聚类个数，每一向量按其指定的隶属度聚类到每一聚类中心。FCM 算法是通过最小化目标函数来实现数据聚类的。

K 均值聚类最优解算法以及 C 均值聚类最优解算法无论是在算法的合理性上还是在算法的可实现性方面来讲都具有很大的优势。因此也常被工程领域所采用，这两种算法主要问题在于：一方面，产生的聚类中心点数目往往过多（或者称之为噪声过大）且中心点的选取上往往会产生局部最优解的问题；另一方面，不适合大数据条件下的数据挖掘。虽然针对这两方面的问题国内外学者分别提出了很多独到的改进算法，但是，通过一种算法同时解决这两个问题的文献还很少见，因此本文结合 C 均值聚类的相关理论，采用双重神经网络与 C 均值聚类算法结合的设计思路来解决此类问题。

本节针对海洋监测的实际需求，分析了适应中小型民营海洋监测机构在线监测信息系统开发的技术选型，对海洋大数据信息系统能够用的技术进行了介绍。主要介绍了 SOA 框架、J2EE 技术、MVC 架构和 Spring Boot 框架，为本文中海洋大数据信息系统的管理和数据方案提供了技术支撑。

第二节 海洋数据异常检测的 BP-FCM 算法设计

K 均值算法和 C 均值算法在运行时间及准确度方面相对优于其他聚类算法。K 均值算法和 C 均值算法二者各有其弊端。K 均值聚类算法的初始点选择不稳定，是随机选取的，这就引起聚类结果的不稳定。C 均值算法对初始聚类中心敏感，需要人为确定聚类数，容易陷入局部最优解。K 均值聚类算法是一种硬划分，划分边界太明显；C 均值算法是一种软聚类算法，允许自由选取聚类个数，每一向量按其指定的隶属度聚类到每一聚类中心。C 均值算法是通过最小化目标函数来实现数据聚类的。这里结合双重 BP 和 C 均值算法的思路来设计本文的算法。

一、海洋数据异常检测策略的算法发展趋势

从 BP 神经网络的介绍可以看出，一方面，基于 BP 算法的神经网络从运行过程中的信息流向来看，它是前馈型网络。在 Spark 平台的应用过程中，BP 算法收敛速度很慢且网络的隐含节点数的选取尚缺少统一而完整的理论指导。因此，现有的相关研究一般会结合聚类、分类算法（例如，K 均值聚类算法）来对其中的隐含节点进行统一的指导。另一方面，由于 BP 神经网络的计算结果与初始的点的选取十分敏感，因此，往往直接采用 BP 算法设计的决策模型仅仅能够得到局部最优解，而无法获得全局最优解。因此，本章引入 C 均值聚类算法来引导 BP 神经网络算法初始点的选取过程，从而实现初始点的科学选取。

二、BP-FCM 算法提出及设计

（一）BP-FCM 均值模糊聚类算法的基本思想

使用 BP-FCM 均值是为了应对海洋大数据条件下的批量处理难的问题。本文设计的新的模糊聚类算法的优势在于：首先为了应对海洋大数据处理上的弊端，结合 Spark 平台在处理大数据上的优势，将海洋大数据处理工具与模糊聚类结合在一起，采用第一重 BP-FCM 算法实现对海洋大数据条件下的聚类中心的优化，通过海洋大数据条件下的遗传种群群体个体，结合海洋大数据的特征，将具体的分析分段处理，来确定海洋大数据条件下的遗传中心的个数；其次，本文算法以海洋大数据条件下的个体为中心进行一次聚类，得到第二重 BP-FCM 算法个体适应度，从而确定聚类中心的全局最优解。

（二）BP-FCM 算法在海洋信息监测系统中的流程设计

如图 3-4 所示的第一重 BP-FCM 算法优化聚类中心数目的过程中，利用 BP 算法来确定聚类的中心数目。其中关键的两点是：适应度函数的确定以及遗传和变异算子的确定。

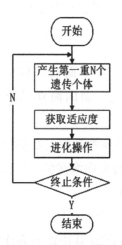

图 3-4 第一重 BP-FCM 算法优化聚类中心数目的过程

第二重 BP-FCM 算法优化聚类中心点的过程中，面向海洋信息监测系统的数据挖掘平台，适应度函数的设计也是本算法成功与否的关键所在，如图 3-5 所示。

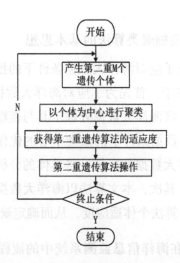

図3-5 第二重 BP-FCM 算法优化聚类中心点的过程

本文采用的双重 BP-FCM 算法分别确定了聚类算法的聚类中心数目和聚类算法的聚类中心点，从而实现了模糊聚类识别算法的算法优化。

（三）聚类中心数目的确定

步骤一：BP-FCM 算法编码。每个面向海洋信息数据样本的种群群体数目进行面向海洋信息数据样本的初始化，面向海洋信息数据样本的中心点数目确定为：$[C_{min}, C_{max}]$，且 $2^n > C_{max} - C_{min} > 2^{n-1}$；

步骤二：BP-FCM 算法确定面向海洋信息数据样本的适应度函数。计算第一重 BP-FCM 算法的个体适应度是为了获得面向海洋信息数据样本的第二重 BP-FCM 算法提供最佳个体（聚类中心位置）的适应度。

$$fitness\_1 = max\ (\ fitness\_2) \tag{3-8}$$

式中，fitness_2 是第二重 BP-FCM 算法面向海洋信息数据样本的适应度函数。公式（3-8）是连接第一重 BP-FCM 算法和第二重 BP-FCM 算法的桥梁。

步骤三：BP-FCM 算法遗传交叉算子的确定。

随机选择面向海洋信息数据样本的两个种群的个体进行交叉，交叉概率公式如下：

$$P_c = \begin{cases} P_{C1} - \dfrac{p_{C1} - p_{c2}}{f_{max} - f_{min}}(f^* - f^{**}), f^* \geq f^{**} \\ P_{C1}, f^* < f^{**} \end{cases} \tag{3-9}$$

式中，f^* 代表为面向海洋信息数据样本的两个交叉个体中适应度最大的个体，f^{**} 在遗传运算的迭代过程中的适应度的平均值，P_{C1} 和 P_{C2} 分别代表在遗传运算的迭代个过程下交叉算子中的最大交叉概率和最小交叉概率。

步骤四：BP-FCM 算法的遗传变异算子的确定。

$$P_m = \begin{cases} P_{m1} - \dfrac{p_{m1} - p_{m2}}{f_{\max} - f_{\min}}\left(f^* - f^{**}\right), & f^* \geq f^{**} \\ P_{m1}, & f^* < f^{**} \end{cases}$$

（3-10）

式中，f^* 代表面向海洋信息数据样本的两个交叉个体中适应度最大的个体，f^{**} 代表在面向海洋信息数据样本的遗传运算的迭代过程中的适应度的平均值，P_{m1} 和 P_{m2} 分别代表面向海洋信息数据样本在遗传运算中的迭代过程，在此条件下，确定面向海洋信息数据样本的交叉算子中最大交叉概率和最小交叉概率。

步骤五：BP-FCM 算法的面向海洋信息数据样本的终止条件的判定。

本文选择的判定标准为以下两点之一：连续三次迭代的种群群体中的个体没有发生变化或者群体中相似个体比例达到甚至超过了 P_m 的最大值。

（四）模糊中心点的确定

第一步：编码。假设第一重得到的面向海洋信息数据样本的聚类中心的数目为 M，中心位置矢量维数为 Dim，群体大小为 N，那么每个个体的串大小为 M*Dim+1 个，最后一位面向海洋信息数据样本的个体的适应度，将面向海洋信息数据样本初始化为 0。

第二步：面向海洋信息数据样本的适应度函数的确定。在本文中，为了实现本算法聚类过程，面向海洋信息数据样本的类间距最大；同时，为确保同一种群个体间的间距最小，本算法选择的适应度函数为：

$$\text{fitness}\_2 = \frac{1}{neiDis / \ waiDis \ -\partial NUM}$$

（3-11）

$$neiDis = \frac{1}{M}\sum_{i=1}^{M}\sum_{j\neq i}^{M}\|v_i - v_j\| / I_k$$

（3-12）

$$waiDis = \frac{2}{M(M-1)}\sum_{i=1}^{M}\sum_{j\neq i}^{M}\|v_i - v_j\|$$

（3-13）

其中，I_k 为面向海洋信息数据样本的第 k 类中包含的样本集，面向海洋信息数据样本的 neiDis 为平均类内距，面向海洋信息数据样本的 waiDis 为平均类外距，NUM 为空心类数量。

第三步：面向海洋信息数据样本的遗传交叉算子的确定与（3-11）中的一致。

第四步：面向海洋信息数据样本的遗传变异算子的确定与（3-12）中的一致。

第五步：面向海洋信息数据样本的终止判定条件与（3-13）中的一致。

（五）BP-FCM 算法操作流程设计

步骤一，面向海洋信息数据样本的获取 BP-FCM 算法优化的聚类中心 $V = \{v_1, v_2, ..., v_c\}$。

步骤二，用随机数的方式初始化海洋数据监测样本，同时，为了面向海洋信息数据样本的，本文算法的聚类结果，也具有海洋大数据特色，基础数据挖掘算法样本的属性度量矩阵。

步骤三，计算面向海洋信息数据样本的 C 均值聚类算法的算法样本的隶属度矩阵。

$$u_{ik} = \left[\sum_{j=1}^{c} \left(\frac{d_{ik}(x_k, v_i)}{d_{jk}(x_k, v_i)} \right)^{2/(m-1)} \right]^{-1} k = 1, 2, \ldots, n$$

（3-14）

步骤四，获取面向海洋信息数据样本的第二重 BP-FCM 算法优化的聚类中心：

$$v_i = \frac{\sum_{k=1}^{n} (u_{ik})^m \cdot x_k}{\sum_{k=1}^{n} (u_{ik})^m} i = 1, 2 \ldots, c$$

（3-15）

步骤五，结合面向海洋信息数据样本，重复步骤三和四直到公式（3-14）的状态，面向海洋信息数据样本将结果结合在一起，直到公式（3-15）处于收敛状态。

当 $d_{ik}^2(x_k, v_i) = 0$ 时，会出现面向海洋信息数据样本的奇异值，面向海洋信息数据样本的隶属度不能用（3-14）式计算。对非奇异值的类，其对应的隶属度值赋值为 0；出现面向海洋信息数据样本的奇异值的类，其对应的面向海洋信息数据样本的隶属度按（3-15）式赋值。

三、BP-FCM 和 Spark 平台的融合概要描述

将 BP-FCM 算法部署在 Spark 平台上，对海洋大数据条件下的聚类中心的优化，两次进行聚类，得出最优的聚类中心。在使用 Spark 平台时，主要采用 RDD 算子和 map 函数，使用 BP-FCM 进行聚类分析，然后使用 map 函数遍历结果，得出最优解。首先使用 BP-FCM 算法对采集到的海洋信息水质数据进行一次聚类操作，来确定海洋大数据条件下的遗传中心的个数；然后，本文算法以海洋大数据条件下的个体为中心进行一次聚类，得第二重 BP-FCM 的聚类中心，来得到更优的聚类中心。其实，BP-FCM 算法就是在一直不断地进行并行化计算，得出隶属度和更新聚类中心。因此这个过程是面向海洋信息数据样本的不断重复的环节，也是一个迭代过程，传统的计算过程是将两次目标函数对比的差值和阈值进行比较，当差值小于阈值时，或者重复次数大于设定的次数，就退出这个面向海洋信息数据样本的聚类循环，面向海洋信息数据样本的聚类过程结束；否则返回过程继续面向海洋信息数据样本进行循环。

基于 Spark 的 BP-FCM 算法的伪代码过程如下：Spark 首先使用 rdd 的 transformation 算子 map 方法读取数据源并调用 BP-FCM 算法处理数据。然后使用 action 算子的 collect 方法收集处理完后的数据；最后将结果保存到数据库。transfromation 算子处理阶段伪代码：输人：[数据文件 url 路径]

```
rdd.map（url）{
hdfs 的 io 流读取 url 路径的文件
arr_key= 获取首行指标名称数据
arr_arr_data= 获取每组指标的数据集集合
```

for（循环 arr_arr_data）

{

利用聚类算法将循环获得的一组指标聚类处理聚类族数设为合理数，根据聚类出来的数据集进行比较，用数量高那一个数据集的聚类中心与指标对比，得出污染结果，将结果返回，使用绘图工具，绘制聚类出来的散点图。}

}

action 算子处理阶段，rdd.collect（）收集返回的结果。

数据结果保存阶段：与数据库建立连接，jieguo= 返回数据结果处理，将 jieguo 保存至数据库。

第三节　海洋信息监测系统的分析与设计

本节通过对需求进行分析，来设计出具有查询、存储和分析等功能的海洋大数据平台。本章将从海洋大数据信息系统的需求分析、设计目标、架构设计、功能设计和详细设计等几方面进行具体地介绍。

一、海洋信息监测系统的整体需求分析

（一）整体框架

通过对当前海洋信息化平台的调研以及参考当前国家对海洋信息化的描述和研究现状，选择以 Hadoop 为框架，因为以 Hadoop 为框架搭建的系统，扩展性强、处理速度快、可靠性强，设计出的海洋信息监测系统满足以下几点目标：

第一，系统界面风格简单明了，使用操作简单，客户可以轻易上手。

第二，系统将会提供分布式的储存服务，对于不同类型的数据都有良好的储存能力。

第三，该平台将会对关系型数据库和非关系型数据库进行融合，对于异构数据的储存问题更加方便处理，可以提升大数据的处理效率，如图 3-6 所示。

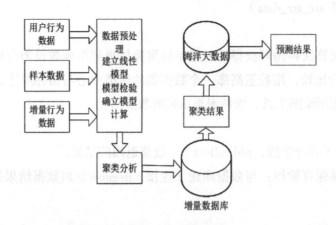

图 3-6 本文算法的挖掘目标

第四，本系统是基于成熟的大数据技术，采用的是 Hadoop 框架，分析方法是并行化的，储存是分布式的，结合 BP-FCM 分析算法，实现系统的分析预测功能，对海洋信息进行分析挖掘。系统的算法具有扩展性，用户可以根据自己的需求添加不同的算法，来完成相对应的功能，这使得系统功能性更强，可满足不同用户的要求。最终设计出一个海洋信息化的大数据平台，对相应的水文数据进行智能分析，促进海洋信息化的发展。

（二）功能模块

系统是一个松耦合模型，每个模块相互之间尽量保持最小关联状态。海洋信息监测系统的主要功能模块应该包括：数据采集、藻花监测、危化品监测、重金属监测和溢油监测等 5 大模块。

1. 数据采集模块

先说海洋水质监测。水质监测方面有很多业务，比如海洋危险化学品污染状况监测、海藻泛滥污染状况监测、海洋溢油状况监测以及海洋重金属污染状况监测等，这些都会对海洋水资源造成不好的影响，为了能够及时应对或者预防这种情况，需要对海洋区域的水质进行分析，判断水质的好坏。

2. 藻花监测模块

监测海藻泛滥污染时，通过传感器收集海洋数据信息，判断检测海水样本的水质，我们都是采用聚类的方法来进行分类，通过分类的方式看正常海水数据样本和监测数据样本是否聚集在一块，如果聚集在一块，说明海水水质没问题，如果没有聚集在一块，说明检测海水受到了污染。

3. 危化品监测模块

在监测海洋危险品污染时，通过海底传感器传来实时监测数据。根据氯、硫、铈、钇、锶、锰等化学元素的浓度来判断，将监测数据样本和正常海水样本放在一起，然后通过聚类的方法进行分类。

4. 重金属模块

在监测海洋重金属污染时，重金属污染主要来源为工业污水和矿山废水的排放以及重金属农药的流失，含有铅、铬、汞和镉等重金属元素，一般会存在很长时间，可以通过传感器获取监测数据。这些重金属元素在正常海水中含量很少，所以采用聚类方法来进行分类，可以区分正常海水和重金属污染的海水，由于被污染海水含有重金属元素且浓度高，所以不会和正常海水聚在一起，由此可判断该监测海水重金属含量过高，受到污染。

5. 溢油监测模块

通过模糊聚类的方法将海洋数据进行分类，如果分布图上所有的数据都聚类在一起，说明检测的数据样本没有被污染。如果海洋数据样本被分开，说明海水受到了污染。

二、功能性需求分析

（一）数据采集需求分析

搜集海洋信息利用网络爬虫或者传感器实时监测都可以做到，在数据库中可以进行添加或者删除监测数据。查询结果在系统页面显示，分析后的结果会储存在 HDFS 上，用户可以在 HDFS 下载分析结果。具体功能需求如图 3-7 所示。

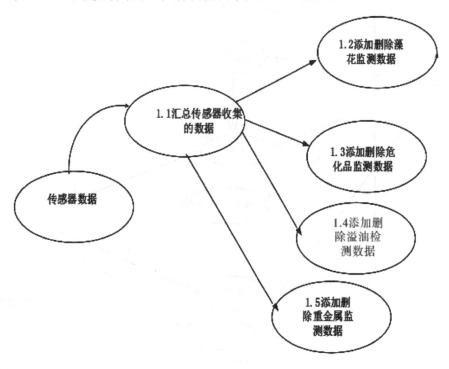

图 3-7 数据采集数据流程图

如图 3-7 所示。传感器数据：里面放的是从传感器获取的数据值。1.1 是汇总传感器采集的数据：是将所有的传感器采集的数据汇总到一起。1.2 添加、删除藻花监测数据：对藻花数据的统计表中的数据进行添加和删除的操作。1.3 添加、删除危化品监测数据：对危化品数据的统计表中的数据进行添加和删除的操作。1.4 添加、删除重金属监测数据：对重金属数据的统计表中的数据进行添加和删除的操作。1.5 添加、删除溢油监测数据：对溢油数据的统计表中的数据进行添加和删除的操作。在上述维护过程中，海洋数据样本信息包含 pH 值、溶解氧浓度、石油类、磷酸盐、汞、镉、铅、铜等属性，根据这些属性值来判断水质的好坏。描述的是海洋水质的标准，海洋重金属污染主要和汞、铅、铬、镉、锌以及铜等重金属元素的浓度有关，海洋溢油污染主要和石油类的浓度有关，海洋危险化学品污染主要和氯、硫、铈、钚、锶、锰等化学元素浓度有关，海洋藻类污染主要和 pH 值有关。

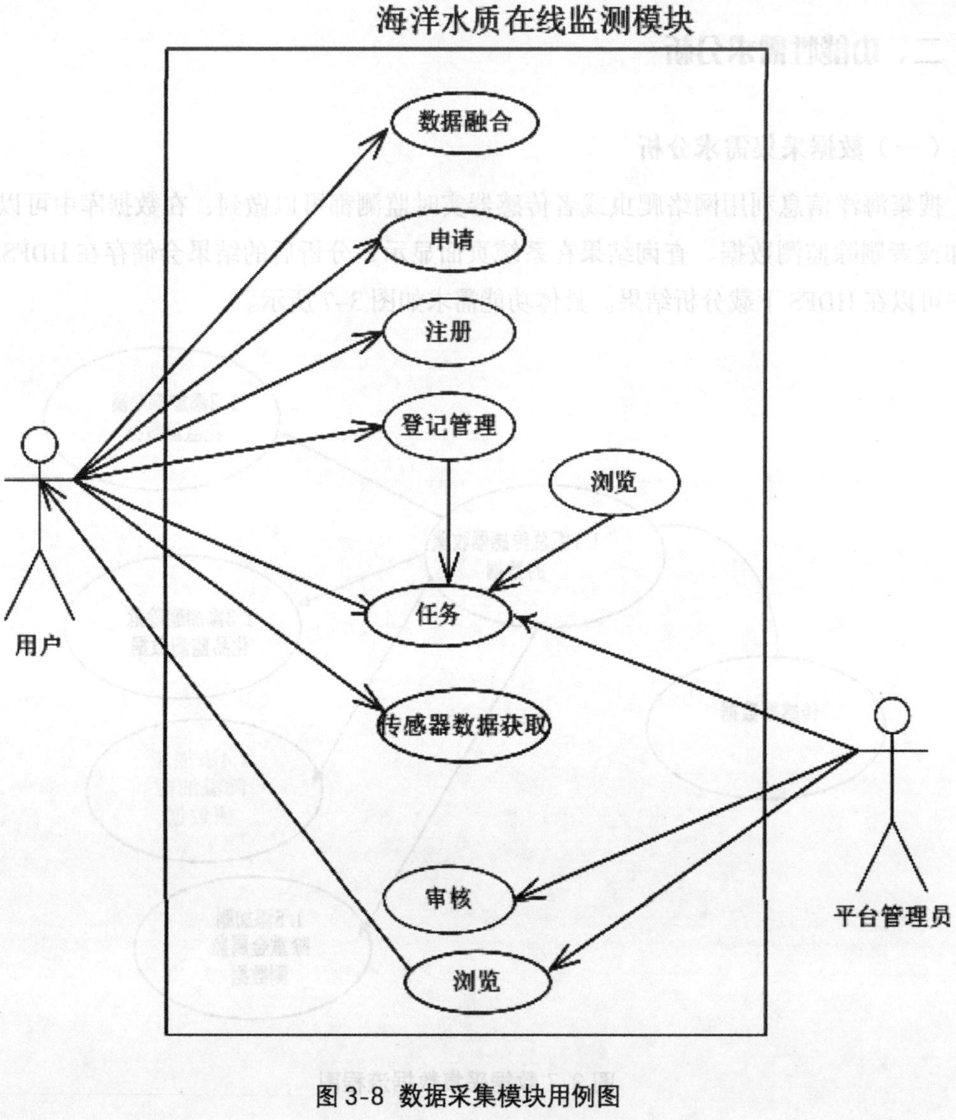

海洋水质在线监测模块

图 3-8 数据采集模块用例图

如图 3-8 所示。数据采集主要包括数据融合、申请、注册、登记管理、任务、浏览、传感器数据获取、审核等用例。数据融合：是将采集到的海洋信息数据融合到一起，形成一个综合的数据表。申请：用户的操作步骤，用户向像管理员申请获取采集的数据。注册：用户需要进行注册，才能拥有使用系统功能的权限；登记管理：用户登录以后，发布任务时需要进行登记管理。任务：用户在系统发布任务。浏览：平台管理员在系统浏览用户发布的各种任务。传感器数据获取：平台管理员浏览任务后，给予用户权限，用户可以从平台获取传感器数据。审核：平台管理员需要对用户的操作进行审核，看操作是否符合要求。浏览：如果平台管理员审核通过以后，用户就可以浏览传感器的数据。对于海洋水质监测而言，业务量大、范围广。以海洋危险化学品污染状况监测为例，危化品检测就涉及传感器数据的获取、历史数据的分析、危化品成分的分析等内容。此外，海藻泛滥污染状况监测、海洋溢油状况监测以及海洋重金属污染状况也是重点监测内容。

（二）藻花监测需求分析

藻花泛滥会对海洋水资源造成不好的影响，为了能够及时应对或者预防这种情况，需要对海洋区域的水质进行分析，判断水质的好坏，特别是藻花的危害程度的分析与研究。首先取相应海域海水的样本数据，然后将海水的样本数据进行聚类分析，让元素浓度相似的样本数据聚集在一起，然后通过和海水的水质标准进行对比判断海水的水质。

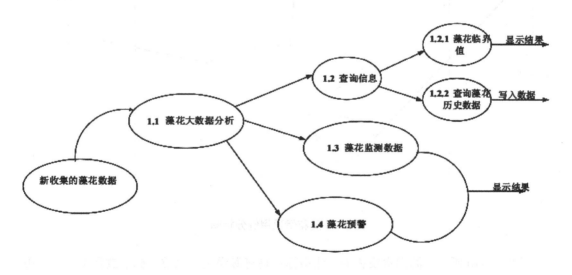

图 3-9 藻花监测数据流图

如图 3-9 所示。新收集的藻花数据：是刚从平台整理之后的藻花数据。1.1 藻花大数据分析：对获取到的藻花数据进行大数据平台分析，判断是否发生藻花泛滥。1.2 查询信息：分为两个部分，查询藻花的临界值和查询藻花历史数据值，作为对比进行判断。1.3

藻花监测数据：将得到的藻花监测数据和临界值及藻花的历史数据进行对比，进行比较。
1.4 藻花预警信息：通过临界值作为预警信息的标准，如果超过临界值就发布预警信息，最后发布预警结果，显示是否发生了藻花泛滥。在监测海藻泛滥的污染时，根据 pH 值来判断，如果检测数据的 pH 低，说明海水呈弱酸性，这时候有可能爆发了水母危机，因为水母分解会消耗大量氧气，被分解成酸性物质，所以海水呈弱酸性。如果检测数据的 pH 低，可能就是海藻泛滥生长，藻类生长会消耗大量的二氧化碳，使水质呈弱碱性。管理员对于系统的藻花情况分析功能主要包括系统的登录、海水水质监测传感器的查询与维护、在线监测信息系统管理模式下软件系统的各种部署与管理等，具体的功能描述如图 3-10 所示，解释如下：

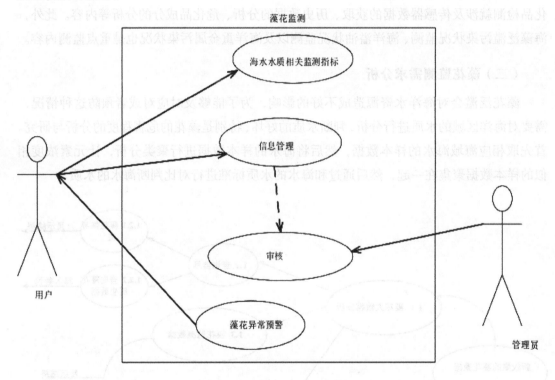

图 3-10 藻花情况用例分析图

　　如图 3-10 所示。海洋水质相关监测指标：是将海洋正常水质的标准放到平台中，用户可以随时将监测的数据与其进行对比。信息管理：用户可以对藻花监测的信息数据进行管理，比如删除或者添加，但是需要管理员给予的权限。审核：管理员需要对用户的信息管理操作进行审核，判断是否符合规范，只有正规操作才能给予操作权限。藻花异常预警：用户通过浏览采集的海洋数据，可以人为判断是否发生了藻花，如果发生了藻花，可以发布藻花异常预警。其中实线代表用户或者管理员直接操作，虚线代表管理员对用户的操作步骤进行操作。

（三）危化品监测需求分析

化学危化品会对海洋造成强烈的危害，使海洋水质有毒，对各类海洋生物造成危害，通过食物链，人类会遭受更为严重的危害，所以对于危化品的污染要极为重视，减少对海洋和人类的危害。

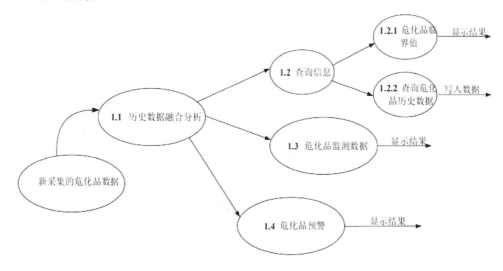

图 3-11 危化品监测数据流图

如图 3-11 所示。新收集的危化品数据：是刚从平台整理之后的危化品数据；1.1 历史数据融合分析：对获取到的危化品数据利用大数据平台进行分析，根据查询信息中的历史数据和临界值进行融合判断。1.2 查询信息：分为两个部分，查询危化品的临界值和查询危化品历史数据值，作为对比进行判断。1.3 危化品监测数据：将得到的危化品监测数据和临界值及危化品的历史数据进行比较，显示监测数据信息。1.4 危化品预警信息：通过临界值作为预警信息的标准，如果超过临界值就发布预警信息，最后发布预警结果，显示是否发生了危化品污染。在监测海洋危险品污染时，通过卫星或者海底传感器传来实时监测数据。在数据分布图上可以看出海水样本的分布，海水发生了污染，监测海洋数据样本会和正常海水样本数据分开，不会聚集在一起，通过和海洋水质标准对比，一些化学元素的浓度会比正常海水的浓度要高，说明发生了化学危险品污染。在海洋危险化学品污染状况监测过程中，危化品检测具有一定的特殊性，就涉及传感器数据的获取、历史数据的分析、危化品成分的分析等内容。

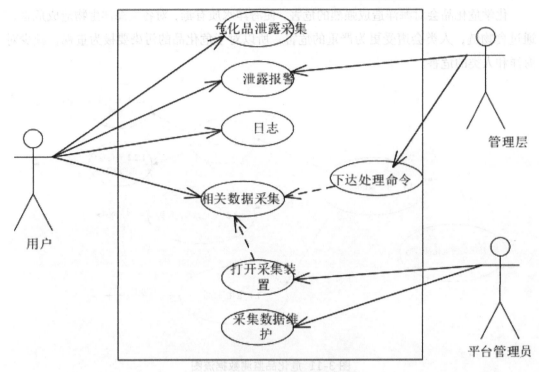

图 3-12 危化品监测用例分析图

如图 3-12 所示。危化品泄漏采集：用户可以通过传感器采集到危化品泄露的数据。泄露预警：用户如果判断到危化品泄露污染，可以发布泄露预警，管理层可以浏览进行判断以后，做出相应的对策。日志：用户可以将危化品泄露的信息记到日志里面，方便以后的使用。相关数据采集：用户在进行危化品污染相关的数据采集时，需要向管理层获取权限，管理层下达处理命令后才能进行数据采集。下达处理命令：管理层对用户的采集数据操作进行判断后，然后下达处理命令。打开采集装置：管理员对系统进行操作，打开采集装置，满足用户采集数据的要求。采集数据维护：用户采集到的数据，管理员需要对数据进行维护，方便以后的处理和使用。其中实线代表用户或者管理员直接操作，虚线代表管理员对用户的操作步骤进行操作。该模块主要是由管理人员进行操作来实现系统的危化品温度使用功能，进而维护系统的正常运行。以海洋危险化学品污染状况监测为例，危化品检测就涉及传感器数据的获取、以往监测结果的研究、相关危化成分的统计与汇总等。

（四）重金属监测需求分析

重金属在水中不能被分解，在海洋中会被藻类吸收，还可以被鱼和贝类体表吸收，通过食物浓缩，对人类和其他生物都会造成严重的危害。重金属在人体内能与蛋白质和酶发生反应，使它们失去作用，从而使人体产生中毒症状，很多病症都是重金属污染引起的，所以重金属污染的治理是需要引起人们重视的。

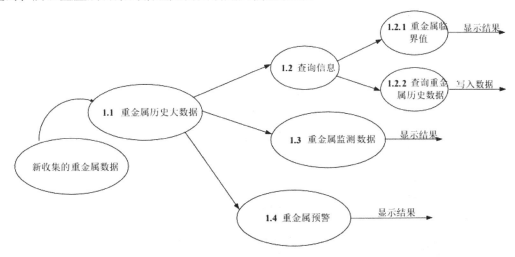

图 3-13 重金属监测数据流图

如图 3-13 所示。新收集的重金属数据：是刚从平台整理之后的重金属数据；1.1 重金属历史大数据：对获取到的重金属数据利用大数据平台进行分析，根据查询信息中的历史数据和临界值进行融合判断。1.2 查询信息：分为两个部分，查询重金属的临界值和查询重金属历史数据值，作为对比进行判断。1.3 重金属监测数据：将得到的重金属监测数据和临界值和重金属的历史数据进行比较，显示监测数据信息。1.4 重金属预警信息：通过临界值作为预警信息的标准，如果超过临界值就发布预警信息，最后发布预警结果，显示是否发生了危化品污染。

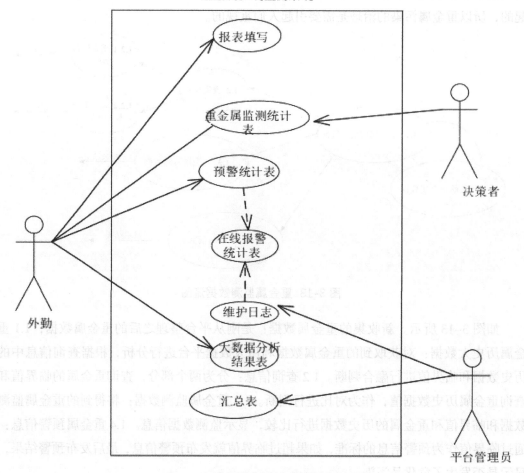

图 3-14 重金属监测管理用例分析图

  如图 3-14 所示。图中主要包括报表填写、预警统计表、在线预警统计、维护日志、汇总表、重金属汇总等用例。报表填写：外勤人员需要填写出勤表格，在表中填写一些基本数据，比如日期、人员姓名等。重金属监测统计表：外勤人员将获取到的监测信息放到统计表中，然后放到平台上，由决策者进行审核。预警统计表：外勤人员将以往发生的重金属预警的信息进行统计并记录。在线报警统计表：外勤人员发现重金属预警信息后，发布警报信息，交由平台管理员进行维护。维护日志：平台管理员对于外勤人员发布的警报信息，判断属实以后进行维护，并记录日志。大数据分析结果表：将对重金属的监测信息在系统的分析功能进行分析以后，将分析结果进行统计，记录在系统中，便于以后查看和对比。汇总表：平台管理员将上面的所有信息进行统计，汇总到一起，方便查看重金属管理的信息。其中实线代表用户或者管理员直接操作，虚线代表管理员对用户的操作步骤进行操作。海水信息监测系统的使用往往是针对使用者进行开发与设计的，因此系统需要集中式、统一式的重金属监测管理功能，因为在线监测信息系统管理模式下的软件系统在注册到互联网之前，须拥有自己的重金属监测管理模块，以避免相互关联系统之间对使用者信息的重复录入，而且重金属监测的集中管理机制在一定程度上可以简化管理人员的管理流程，同时便于不同系统之间的紧密联系。

（五）溢油监测需求分析

检测海洋溢油污染时，海洋溢油污染区域相对而言比较小，但是油会随着海水流动，慢慢污染系数会变小，所以采用卫星或者海底传感器传来的实时数据。实时数据采取后，将采取的监测数据和对应位置的原始数据样本放到一起，对原始数据做出标记，通过模糊聚类的方法将海洋数据进行分类。

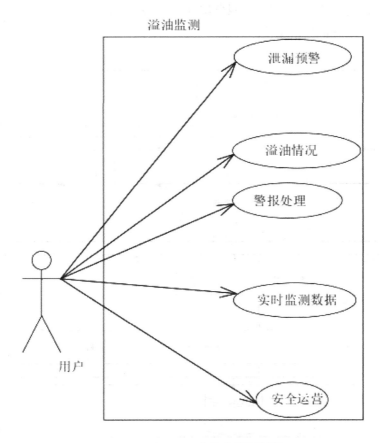

图 3-15 在线监测用例图

如图 3-15 所示。泄露预警：用户如果判断到溢油泄漏污染，可以发布泄漏预警。溢油情况：用户通过在线观测，查看溢油情况是否严重，进行判断，记录信息。警报处理：用户如果判断发生了溢油污染，可以在线发布警报，对溢油情况进行处理。实时监测数据：用户通过在线观测对获取的数据进行实时记录，放在平台上，属于溢油的实时监测数据，对实时数据进行保存，便于溢油的分析和处理。安全运营：用户在平台上发布对于溢油情况的处理方式，保证系统安全运营。如果所有的数据都聚类在一起，说明检测的数据样本没有被污染，如果海洋数据样本被分开，说明海水受到了污染。当检测数据的石油类的值高，说明这里发生了海洋溢油污染。在系统的管理工作用例图中，上面所展示的用例图就是平台管理员的相关功能。

三、海洋信息监测系统的整体架构设计

本系统的架构是采用分层设计，设计出了海洋信息大数据系统架构，每一层都设计出不同的功能，分工明确，降低了各层次之间的依赖性。然后根据功能需求，设计出了四个大层次，分别是表现层、应用层、服务层和数据层。下图 3-16 是具体基于 Hadoop 的海洋大数据信息化平台的层次架构图。

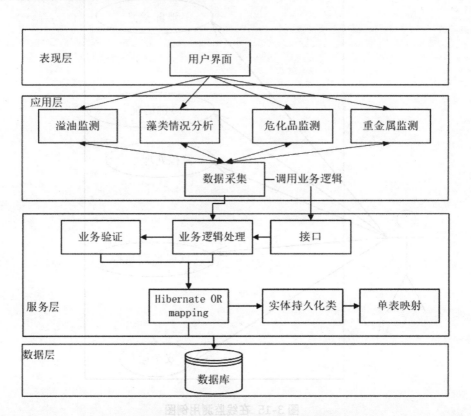

图 3-16 基于 Hadoop 的海洋信息监测系统架构图

本文采用 MVC 框架，数据层是 Model 层，负责从数据源获取数据和数据的储存，从数据源获取数据采用的是爬虫工具，从网站获取数据和从卫星或者传感器获取实时监测数据，数据的储存选用的是 HDFS 分布式文件管理系统和面向列的数据库 HBASE 相结合的方式。服务层是 Controller 层，采用的是 Spark 作为计算框架，可以根据需求选取数据库中的数据，利用自定义算法程序编码然后对数据进行分析。应用层是采用 SOA 模式，

各个业务模块都可以调用采集的数据进行分析。表现层是用户界面，将处理完成的信息进行展示。本系统采用的是 centos6，Hadoop 是用 Java 语言编写的，需要 JDK，程序的编写采用的 Java 语言。

（一）基于 HDFS 和 MySQL 相结合的数据层设计

数据层是 Model 层，包括两部分，分别是数据源层和数据储存层。

数据源层：数据源层是主要数据的来源，也是整个系统的基础。海洋信息数据的来源非常广，在海洋大数据中心、国家海洋数据共享平台、各种文献资料中都能查到，还有可以通过接收传感器监测到的实时数据以及卫星遥感方式提供的数据等。本文主要指通过传感器监测的实时数据。

数据源的获取方式：

第一，利用网络爬虫技术，可以在国家海洋数据共享平台可将整个页的数据都爬下来，然后交给业务层来处理，根据海洋数据的类型不同，决定存储在传统数据库 MySQL 或者关系型数据库 HBASE 中。

第二，接收遥感或者卫星监测到的实时数据，在获取数据时是有时间间隔的，将数据首先存在一个不断更新的文件中，然后将文件储存在 HDFS 文件中。数据源的数据到数据储存层之前需要对这些数据进行处理，方便以后数据的使用。

数据源的数据到数据储存层有两个过程：

第一，通过 HDFS 的写数据的方式将数据存入 HDFS 分布式文件中，后面还可以将 HDFS 上的结构化数据大量储存在 Hive 上。

第二，使用 put 或者 import 的命令将数据存入分布式的、面向列的 HBASE 数据库中。除了这两种，还有几种往 HBASE 导入数据的操作，例如 importTsv、BulkLoad 等操作。HDFS 的数据也可以存储到 HBASE 数据库中。

数据储存层：数据在被处理后，根据数据的类型和结构来判断数据该存在什么数据库中。海洋信息相关大数据存储模块整体由普通数据库 MySQL、关系型数据库 HBASE 和分布式文件系统 HDFS 组成，由于海洋大数据信息和各种元素数量巨大，此类会采用关系型数据库 HBASE 来进行分布式存储，该方法可以通过增加新节点的方法来扩充，并且以 HDFS 框架来进行储存，当节点出现问题时，可以通过将数据转交给新节点的方式来解决，这样就保证了数据的安全性。在查询数据的时候采用 HBASE 和 HDFS 两者结合的方式，来解决 HDFS 读写数据速度慢、效率低的问题，使系统查询访问数据更加高效。针对海洋信息量大而且比较分散的特点，所以将数据进行分级管理，分成一级和二级，二级数据管理层针对不同的用户进行储存，根据用户的数据的个性化进行储存，每一个都对应一个用户，单对单服务，为用户提供他们需要的信息服务，更加高效、准确。这些用户的数据可以经过一系列的处理来形成一个大型的数据集合，数据集合里面包括各种不同的数据。这样设计可以使数据在结构上独立，互不影响，可以保证数据的安全和独特，保持统一，全局掌控。

由于海洋信息的数量太多，并且数据源来自各个方面，导致数据的质量不是很好，所以为了在以后对这些海洋信息数据进行挖掘时能够产生优质的数据，需要在存储数据库之前对数据进行清洗等处理，以保证数据的质量过关，也能方便以后的数据处理和分析。并且因为海洋信息数据很大部分会应用于政府部门，所以数据应该有一定的权威性。清洗的过程如下：

第一，数据完整性：①去除不需要的字段和项，缺失的值如果重要性低就直接去除；②填补缺失的内容，如默认值、经验值、平均值、中位数、众位数值等。

第二，数据一致性：①内容对应的字段不一致，定制的字段规则不同；②格式不一致，如日期、半全角、时间等，还有格式问题；③单位不一致，维度、指标体系等。

第三，数据唯一性：①主键去重，去除主键一致的数据；②规则去重，合并去重和相关信息匹配等。

第四，数据合理性：①去除不合理的数值；②修正矛盾值。

第五，数据权威性：数据源分级。

数据导入的过程需要对文件进行审核，通过审核文件才能被上传到系统中，用户和管理员都可以上传数据到共享中心，上传数据然后保存在 HDFS 文件系统上。在分布式文件系统 HDFS 中可以直接把内容下载到本地磁盘上。

（二）基于 Spark 的 BP-FCM 算法的业务层设计

该模块是系统的业务处理模块，也是 Controller 层，业务层是整个系统最重要的部分，是用来负责计算和分析的。本系统采用基于 Spark 的 BP-FCM 算法，分两次对海洋信息数据进行聚类，第一重聚类得到聚类中心的个数，第二类对聚类中心再进行聚类，得到更优的聚类中心。其实，BP-FCM 算法就是在一直不断地进行并行化计算，得出隶属度和更新聚类中心。基于 Spark 平台能够更快地进行系统的数据查询、数据分析和数据挖掘功能，本文实现了数据挖掘中的基于 Spark 的 BP-FCM 算法，该算法不仅仅处理速度快，计算效率高，而且最后产生的聚类效果也非常好，所以业务层才是整个系统的核心。业务层分析数据之前，需要将 HDFS 和 HBASE 中的数据传入 Spark 平台上，然后进行计算。

对数据的分析功能是基于 Spark 的 BP-FCM 聚类分析算法来进行分析的，主要分析海洋的水质成分，比如海水的温度、pH 值、溶解氧度和盐度等，通过聚类分析将这些数据进行归类，根据聚类数据的特点来分析海水的水质，对数据进行分析挖掘，最后输出分析结果，分析完成的结果通过 Echarts 形成散点图或者表格显示出来。

（三）基于可视化的交互层设计

该模块是 View 层，用来展示数据的模块，用户能接触到的一层，便于用户和系统进行交流。交互层的图像可以以可视化的形式对数据进行展示，用户可以在交互层选用不同的业务功能，来获取相对应的数据分析和查询结果，根据需求和检索条件对相关信息进行检索，检索结果通过显示层进行展示，里面的数据形成的表格通过 Echarts 可视化工具来显示。调用 Echarts 的 API 接口，将分析模块处理完的数据导入其中，形成直观、生动、可以交互的可视化图表，根据自己的需求显示图或者表格。分析出的数据根据基于的元素不同，需要产生不同的表格，然后显示到系统大屏上面，便于查看。构建这个交互层，用户就能实现管理数据的功能，算法在 Mahout 数据挖掘库中，其中有很多现成的算法，有聚类算法、协同过滤算法和分类算法，还有 UDF 自定义的功能，根据自己的需求，选用或者自定义不同的算法，以达到最好的分析结果。

四、海洋大数据信息系统的详细设计

（一）数据采集的设计

在线监测信息系统管理模式下的海水水质监管机构在线监测管理系统是一款使用者可以直接登录使用的、以用户为核心的软件系统。使用者使用这款平台的操作流程如下：在系统首页面上，使用者可以进行注册、登录操作，并且可以执行主机数据采集装置的工作与评价。用户使用监测海域的设备采集到数据之后，需要将数据进行清洗，然后投入分析过程，用户对主机数据采集装置的数据进行融合与工作流程中，管理员可以对用户的微水超标监测进行直接的查询，在审核通过后可以开通相应的服务操作。

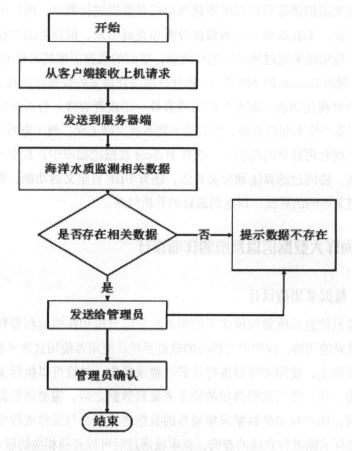

图 3-17 数据采集流程图

如图 3-17 所示。数据采集的基本流程是调用数据过滤、任务、数据融合、登记等相关信息。搜集到的数据和生成的检测报告都会存储在系统的数据库中，方便以后使用。海水的元素属性有很多，所以存储数据时需要建立相应元素属性的字段，便于储存。海水的数据量一般都很大，系统中需要足够的空间来储存这些数据。而且这些数据很多都是异构格式，数据库应该能存储各种结构的数据。所以本系统数据库需要能够储存海量数据，而且能够储存异构数据，储存空间方便扩展，储存的速度很快。

最后会查询检测报告，检测报告以图表或者文字的形式展现出来，这需要在系统的查询系统中进行查询，因为检测报告生成后就储存在系统的数据库中，要查询检测报告需要去数据库获取，每个检测报告都有自己的表名，根据污染的状况不同，给这些检测报告起不同的表名，具有代表性。我们可以通过表名的关键字查出所想要的检测报告。通过海藻、溢油、化学危险品、重金属等关键词可以查询相关海藻泛滥污染、海洋溢油污染、海洋危险化学品污染、海洋重金属污染的检测报告。还可以更细致地划分，更方便查询。如图 3-18 所示的数据结构图。

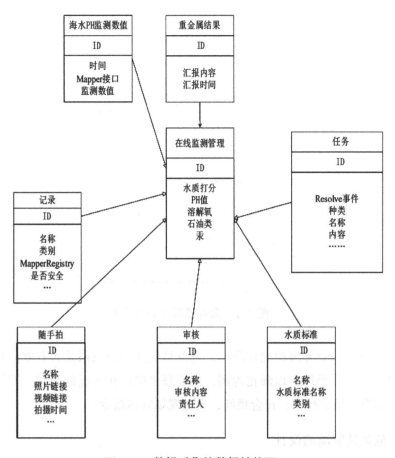

图 3-18 数据采集的数据结构图

根据图 3-18 中的概述可以得知，在线监测管理对应的数据结构包括：水质标准、审核、随手拍、记录、任务海水 pH 检测数值及各项污染类型等。

（二）藻花情况分析的设计

当管理员登录系统成功之后，结合海洋大数据信息系统的特色，用户可以点击进入相对应的藻花情况分析页面，并将设计理念与大数据的分析实践结合在一起，进而实现其权限范围内对海洋监测信息、藻花情况分析信息的部署、使用、管理与维护。以藻花情况分析为例，在藻花分析前期，需要对藻花分析流程进行整体性设计，如图 3-19 所示。

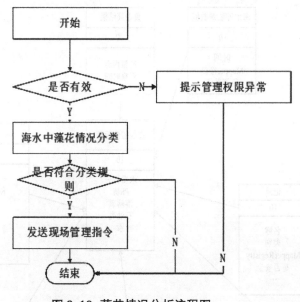

图 3-19 藻花情况分析流程图

　　藻花情况分析的业务流程比较简单，重点是判断用户权限是否有效，如果有效，则用户可以进入下一步操作。以藻花为例，判断海水中藻花情况的分类，看是否符合分类的规则。不符合，结束程序；符合规则，发送现场管理指令。

（三）危化品监测的设计

　　危化品监测的主要目的是：在监测海洋危险品污染时，通过卫星或者海底传感器传来实时监测数据。根据氯、硫、铈、钚、锶、锰等化学元素的浓度来判断，通过和正常海水对比，用聚类的方法进行分类。因此，其流程图如图 3-20 所示。

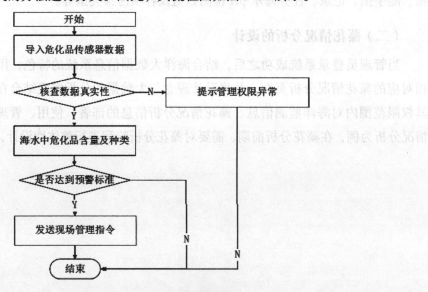

图 3-20 危化品监测流程图

在进行运营支撑层面上，危化品监测是非常重要的环节之一。本节设计的危化品监测相关用例的数据结构图信息如图 3-21 所示。

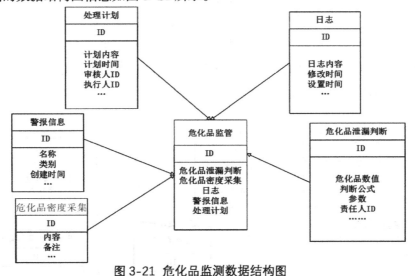

图 3-21 危化品监测数据结构图

危化品监管数据表对应的数据维护用例包括：危化品泄漏判断、报警信息、危化品密度采集、日志、处理计划等。以危化品泄漏判断为例，里面包括危化品数值、判断公式、参数以及责任人。

（四）重金属监测的设计

以往的项目管理中，重金属监测的设计与填报不仅费时、费力，而且在人工填报过程中还容易产生数据错误。这是困扰管理人员的一项常见问题。

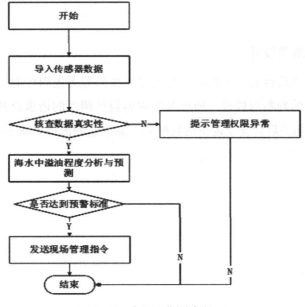

图 3-22 重金属监测流程图

因此，重金属监测是信息化项目管理的重要辅助手段，也是本系统功能开发的一项重要内容。从开始导入重金属的传感器数据开始，然后对数据进行检查，看数据是否真实，如果数据不真实，提示管理权限异常，直接结束程序。如果数据真实，开始检测海水中重金属含量以及种类，检测重金属含量是否达到了预警标准。如果没有达到预警值就直接结束程序，如果达到预警值，发布现场管理指令，对海水继续处理，程序结束。本小节将重金属监测核心数据结构图设计如下图 3-23 所示。

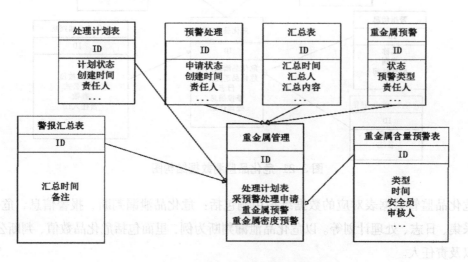

图 3-23 重金属监测的数据结构图

重金属管理对应的表单主要包括：重金属含量预警、报警汇总表、处理计划表、预警处理、汇总表、重金属预警等。以重金属预警为例，应用程序首先将属性的名字放到基本属性表中查询，如果能查到则生成基本属性表达式对象，否则生成自定义属性表达式对象。

（五）溢油监测的设计

在线监测管理的后台安全判断的主要类是系统的业务逻辑控制类，该类主要负责系统中逻辑请求操作的判断与处理，所涉及的内容包括调度的请求及其请求属性、后台安全规则的执行以及相关后台安全逻辑的判断等。溢油监测流程如图 3-24 所示。

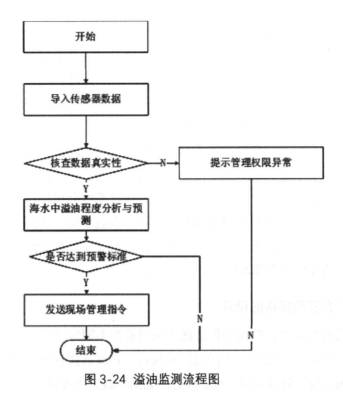

图 3-24 溢油监测流程图

本节主要是针对在线监测管理来设计的，因此在线监测管理模块必然是系统设计的核心内容。在线监测管理过程中的主要数据结构图及类与类之间的关系设计图如下图3-25所示。

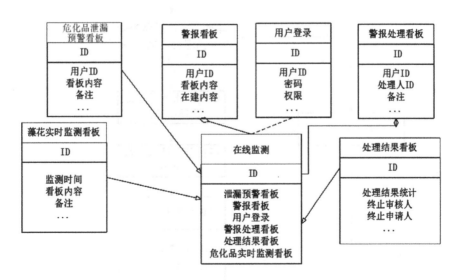

图 3-25 在线监测的数据结构图

在线检测对应的表格主要包括：处理结果看板、藻花实时监测看板、危化品泄漏预警看板、用户登录等。当管理人员对系统进行后台安全判断的时候，需要进行用例的数据结构图实现。在检测海洋溢油污染时，在线监测的另一个重要功能是：海洋溢油污染的监测。依据划分好的溢油监测区域，将溢油面划分为相对较小的区块，但是油会随着海水流动，慢慢污染系数会变小，所以采用卫星或者海底传感器传来的实时数据。将实时数据采取后，然后将采取的监测数据和对应位置的原始数据样本放到一起，对原始数据做出标记，通过模糊聚类的方法将海洋数据进行分类。

无论目前根据结果制定对策还是以后出现类似污染情况可用来进行对比都需要将监测结果保留下来，会帮助我们判断海洋水质污染的情况。应该在系统外对数据为备份，以防系统出现问题，数据丢失后还可以找回。通过系统分析得出的结果都是存储在系统的文件系统中，用户可以根据格式的要求选择下载数据集。比如，如果出现类似海洋危险化学品或者其他污染情况时，就可以拿出以前相对应的污染检测报告进行对比，就能判断该情况是否发生了海洋水质污染。

（六）后台管理模块的设计

在后台管理模块中，提交操作是把不同因素的不同等级提交到对应的表中，在海洋系统登录进入的时候，设置了不同用户的权限，管理员拥有最高权限，不同的用户管理员确定不同的权限，管理员可以查看所有的数据和表，也可以进行操作。

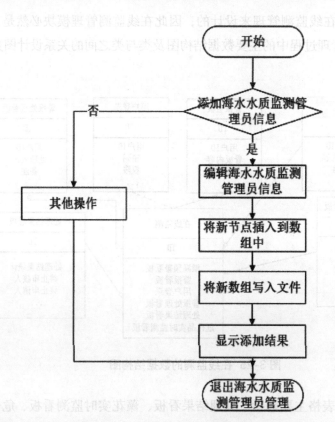

图 3-26 后台管理流程图

如图 3-26 所示，查询正式管理人员后台流程包括如下内容：首先输入正式管理人员编号，通过 CA 认证判断编号是否正确，通过数据库关键字查询判断正式管理人员编号是否存在于某海水水质监管机构在线监测管理系统中，两项判断只要有一个存在问题，则直接结束后台管理模块任务。从图中可以看出，从实践的角度来看，后台管理中，最重要的就是人员信息的配置。

（七）管理功能模块的设计

在系统中需要实现各种管理功能，系统中有监测海域的管理、监测设备的管理、污染指标的管理、数据文件的管理等几项管理功能，主要是对这些因素进行管理，方便系统的各项功能能够处理各种情况。

海域管理主要管理监测海域，对监测海域进行增加、删除等功能，添加海域主要是通过经度和纬度在海域图上合适的区域添加监测海域，删除功能只需要直接删除就能去掉数据库和大屏上的数据，海域添加设计流程如图 3-27 所示。

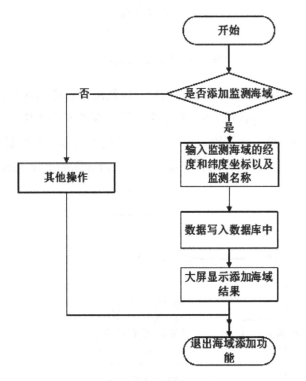

图 3-27 海域添加流程图

设备管理功能主要是管理各个监测海域的监测设备，如 pH 传感器、危险品测量传感器、溢油测量传感器、重金属测量传感器等设备，根据各个监测海域的需求，对各个监测海域的设备进行增加或者减少，能够满足获取足够的数据。添加设备需要输入它们的类型、编号、名称、功能以及所在监测海域的名称，可以直接删除数据库的数据，查看需要在海域管理功能里面查看每个海域具体的设备情况。监测设备添加流程如图 3-28 所示。

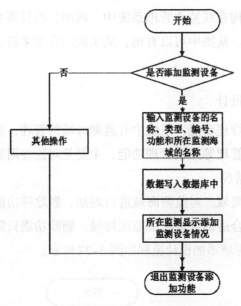

图 3-28 监测设备添加流程图

污染指标管理功能主要是管理海洋水质指标，以便测量特殊情况等，根据需求来更改相应的水质指标，主要包括 pH 值、S、石油类、铅、汞等五项水质指标，每个指标都有自己的范围，代表污染程度，无污染、轻度污染、重度污染和污染类型。在系统可以进行添加或者删除指标，可以修改指标的各个范围。污染指标添加流程如图 3-29 所示。

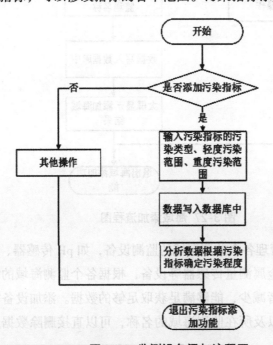

图 3-29 监测设备添加流程图

五、数据库设计

（一）实体关系设计

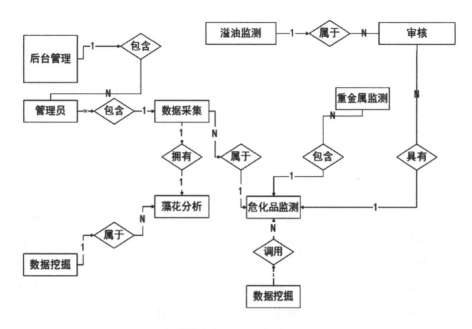

图 3-30 海洋信息监测系统实体关系图

如图 3-30 所示。系统的实体关系主要有包含、属于、具有等实际操作关系。管理员作为系统操作实体来控制整个系统的流转。

（二）数据表的设计

对于海洋大数据分析而言，数据的采集是重中之重，如果采集的数据准确率不够，那么后面的一切分析与展示均会产生错误。海洋信息相关数据的存储，由于其元素种类太多，在一开始无法准确确定具体的字段，在后面工作时会经常出现要添加新的字段的情况，并且如果是监测点获得的数据或者从各大网页爬虫爬来的数据，数据的质量良莠不齐，经常出现不完整的情况，如果只使用 Mysql 这种普通的关系数据库，会出现很多null，造成资源浪费。根据所述情况，单单普通的关系型数据库不能满足这些数据存储。需要选择能随时添加新的字段的数据库 HBASE 和 MySQL 数据库相结合的方式进行储存，简单的表格采用 MySQL 储存，而那些带有海洋藻花、溢油、重金属和化学危险品的采集信息表则采用 HBASE 来储存，可以动态添加字段，HBASE 的检索效率并不会因为数据量的增大而降低查询效率。本系统根据四个基本业务和基本功能一共设计了各种数据库表，分别是信息采集表、藻花要素信息表、危化品信息表、重金属信息表、溢油信息表以及后台管理信息表等，信息采集表对应采集信息的各种信息和字段，后台管理信息表对应管理员和登录等一系列信息，其他四个表对应四个基本业务。本系统设计的采集信息表如表 3-1 所示。

表 3-1　采集信息表

字段名称	数据类型	非空	注释
ID	int	TRUE	监测类别编号
Haiyu	varchar	TRUE	检测海域
Shebei_ID	int	TRUE	采集设备
Caiji_time	datetime	TRUE	采集时间
SH	varchar	TRUE	审核
YS	varchar	FALSE	检测要素
JL	varchar	FALSE	记录
CY	int	TRUE	采样编号
SZ	varchar	FALSE	水质标准
YLS	int	FALSE	叶绿素编号
SHP	int	FALSE	随手拍
salt	float	TRUE	盐度
pH	float	TRUE	海水 pH 数值
Lat	decimal	TRUE	纬度
Lon	decimal	TRUE	经度

如表 3-1 所示。ID 是监测类别的编号，采集信息表需要对采集到的信息进行编号，进行排序，方便以后的查找，不能为空。数据类型是数字，所以是 int 类型；Haiyu 代表着检测海域，采集信息需要确定去哪个海域采集，这个便于判断该海域海洋信息的情况，不能为空，是文字叙述，用 varchar；Shebei_ID 代表着采集设备，采集信息需要使用采集设备，不能为空，设备用编号表示，用 int；Caiji_time 代表采集时间，采集信息需要记录采集的时间，方便以后根据时间查询信息，不能为空，类型为 datetime；SH 是代表审核，信息采集完以后需要进行审核，判断信息是否符合规定，便于以后的使用和分析，不能为空，文字叙述，用 varchar 类型；YS 代表检查要素，采集的信息需要根据需求对其进行要素的检查，有的时候会查出多种情况，检查要素不一定准确到具体哪个，可以后面分析进行处理，可以为空，文字叙述，用 varchar 类型；JL 代表记录，对采集到的信息进行一些额外的记录，如果没有其他特殊情况可以不记录，可以为空，文字叙述，用 varchar 类型；SZ 代表水质标准，采集信息需要加上水质标准，方便和获取的实时信息进行对比，得出一些判断情况，也可以后面分析时进行判断，可以为空，文字叙述，用

varchar 类型; CY 是采样编号, 采样数据需要标记标本数据的序号, 以后使用起来不会乱, 不能为空, 编号是 int 类型; YLS 是叶绿素的编号, 采集的信息中很多都含有叶绿素的情况, 但是有的也没有叶绿素, 可以为空, 编号是 int 类型; SHP 是随手拍的照片编号, 采集信息时有时现场会拍取一些照片, 方便一些复杂情况使用, 可以为空, 编号是 int 类型; salt 代表盐度, pH 代表海水 pH 值, 采集的海水信息肯定包括盐度值和海水的 pH 值, 不能为空, 这两个会存在小数, 类型为 float 类型; Lat 和 Lon 分别代表纬度和经度, 采集信息中需要记录这两者信息, 判断采集信息的位置, 不能为空, 类型为 decimal。

表 3-2 藻花要素信息表

行键	时间戳	列簇	
		藻花信息	采集信息
表 ID	t	ID: 危化品类型 ID Dissolved_oxygen: 溶解氧 pH: pH 值 Factor: 环境要素	Time: 采集时间 Equipment: 设备 ID Info: 采集来源 SAL: 盐度 Temp: 温度 m_name: 监测区名称

如表 3-2 所示, 是藻花要素信息表。表中的时间戳 (t) 是 HBASE 表的基本元素之一, 每次修改都会更新, 新的时间戳必须大于旧的时间戳。ID 代表藻花类型 ID, 藻花类型有多种, 通过 ID 判断这个表藻花类型是哪种, 类型为 int; Administrators 代表管理员 ID, 藻花信息表需要管理员来管理, 维护信息, 不能为空, 类型为 int; equipment 代表采集设备 ID, 藻花信息需要相应的采集设备进行采集, 才能获取相应完善的信息, 不能为空, 类型为 int; pH 代表海水 pH 测量值, 藻花是根据海水 pH 值来判断的, 不能为空, 可能会存在小数, 类型用 float; SAL 代表盐度, 海水信息肯定会含有盐度, 不能为空, 可能会存在小数, 类型用 float; Water_temperature 代表水温, 藻花信息可能会因为海水温度发生变化, 两者可能会存在一定联系, 不能为空, 文字叙述, 用 varchar 类型; Dissolved_oxygen 代表溶解氧, pH 值和溶解氧的含量有直接关系, 也是判断藻花的标准, 不能为空, 可能会存在小数, 类型用 float; Info 代表监测区信息, 主要记录监测区一些其他的信息, 可能会对海水污染情况有一些影响, 可记录也可不记录, 可以为空, 文字叙述, 用 varchar 类型; Factor 代表环境要素, 记录监测区域的环境情况, 记录表面情况是否对污染有关联, 如果很严重, 可以记录, 无影响, 可不记录, 可以为空, 文字叙述, 用 varchar 类型; m_name 代表监测区名称, 监测区的具体名称, 方便查询, 不能为空, 用 varchar 类型。

表 3-3 记录表

字段名称	数据类型	非空	注释
ID	int	TRUE	数据采集记录编号
T_name	varchar	TRUE	名称
type	varchar	TRUE	类型
Mapper-registry	float	TRUE	监测数值
M-try	int	TRUE	0 代表安全；1 代表不安全；2 代表未做判断

如表 3-3 所示。ID 是数据采集记录编号，记录表需要对采集的信息进行统计，统一进行编号，方便查询，不能为空，类型为 int；T_name 是名称，采集信息的名称，记录下来以后进行判断对号，不能为空，文字叙述，用 varchar 类型；type 是类型，记录发生污染的类型，不能为空，文字叙述，用 varchar 类型；Mapper-registry 是污染类型的监测数值，来判断污染的严重程度，不能为空，可能会存在小数，类型用 float；M-try 是对采集的信息进行判断，主要记录采集的数据是否在安全范围内（0 代表安全；1 代表不安全；2 代表未做判断），不能为空，类型为 int。

表 3-4 危化品信息表

行键	时间戳	列簇	
		危化品信息	采集信息
表 ID	t	ID：危化品类型 ID WHP_ct：危化品采集内容 WHP_jd：危化品泄漏判断 Dangerous_chemicals _plan：处理计划	Time：采集时间 Equipment：设备 ID Info：采集来源 SAL：盐度 Temp：温度 m_name：监测区名

如表 3-4 所示。危化品信息表主要是针对上一节危化品实体属性做出的进一步解释与设计。ID 代表危化品类型 ID，危化品类型有多种，通过 ID 判断这个表危化品类型是哪种，类型为 int；equipment 代表设备 ID，危化品信息的获取需要使用采集设备，不能为空，设备用编号表示，用 int；Dangerous_chemicals_plan 代表处理计划，对于得到的危化品信息需要进行处理，要做出一个对其进行处理的计划，以便后续的使用，不能为空，文字叙述，用 varchar 类型；WHP_jd 是危化品泄露的判断，获取危化品信息以后，根据污染情况的明显程度需要做初步的判断，如果很明显，可以进行判断，如果不是很明显，无法进行判断，可以为空，文字叙述，用 varchar 类型；WHP_ct 代表危化品采集内容，需要记录采集到的危化品的信息，进行梳理，看大概是什么污染类型，后面更容易处理，不能为空，文字叙述，用 varchar 类型；Name 代表危化品名称，初步去危化品信息判断后，可能会得到危化品的信息类型，如果得知，就记录危化品名称，得不到就为空，可以为空，文字叙述，用 varchar 类型；m_name 代表监测区名称，记录采集危化品信息的区域，根据采集信息情况判断监测区海水的危化品污染情况，不可以为空，文字叙述，用 varchar

类型；SAL 代表盐度，海水信息肯定会含有盐度，不能为空，可能会存在小数，类型用 float。

表 3-5　危化品临界值表

字段名称	数据类型	非空	注释
ID	int	TRUE	TRUE
Sea_area	varchar	TRUE	TRUE
Temp	varchar	TRUE	TRUE
SH	int	TRUE	TRUE
ZXR	int	TRUE	TRUE

如表 3-5 所示。ID 是危化品临界值表的 ID，不同危化品有不同的数值表，通过 ID 标记不同的危化品临界值表，不能为空，类型为 int；Sea_area 代表采集信息所在海域，不同海域可能由于不同情况临界值有所影响，记录不同海域危化品临界值，不能为空，文字叙述，用 varchar 类型；Temp 是危化品临界值，是海域是否发生危化品污染的标准，文字叙述，用 varchar 类型；SH 是审核人 ID，临界值需要由审核人来审核，临界值是否正确，不能为空，类型为 int；ZXR 是执行人 ID，临界值如果符合标准，执行人需要对其进行记录，作为真正的标准，不能为空，类型为 int。

表 3-6　危化品结果表

字段名称	数据类型	非空	注释
ID	int	TRUE	危险品结果编号
W_type	varchar	TRUE	危险品类别
content	varchar	TRUE	危险品含量

如表 3-6 所示。ID 代表危化品结果编号，重金属信息有很多样本，每一个通过分析之后都会得出结果，需要对结果进行编号，便于以后查找，不能为空，类型为 int；W_type 代表危化品类型，是介绍 ID 所代表的具体危化品类型内容，可以直接得知危化品信息的大概内容，不能为空，文字叙述，用 varchar 类型；content 代表危化品的含量，含量值也就意味着危化品的污染严重程度，是判断污染程度的标准，不能为空，文字叙述，用 varchar 类型。

表 3-7　危化品预警表

字段名称	数据类型	非空	注释
ID	int	TRUE	ID
SZ	float	TRUE	危化品数值
GS	varchar	TRUE	判别公式
CS	float	TRUE	关键参数
ZRR	int	TRUE	责任人 ID

如表 3-7 所示。ID 代表危化品预警表的 ID，预警表通过编号标记，代表着各个预警表，不能为空，类型为 int；SZ 代表着危险品数值，每一次预警时都需要对其污染值进行判断并记录下来，作为后续的使用和分析，不能为空，会存在小数，用 float 类型；GS 判别公式，危化品污染情况的判断需要一定的判别公式来进行计算，得出的数值来判断污染情况，不能为空，文字叙述，用 varchar 类型；CS 是关键参数，危化品污染情况的判断需要一些关键参数的数值作为计算，通过公式，来计算数值的，不能为空，会存在小数，用 float 类型；ZRR 是责任人 ID，责任人是对这些预警情况进行分析计算的，需要对结果负责，不能为空，类型为 int。

表 3-8　重金属信息表

行键	时间戳	列簇	
		危化品信息	采集信息
表 ID	t	ID：重金属类型 ID Heavy_metal_P：重金属预警 Heavy_metal_mg：重金属管理 Heavy_metal_plan：处理计划	Time：采集时间 Equipment：设备 ID Info：采集来源 SAL：盐度 Temp：温度 m_name：监测区名称

如表 3-8 所示。主要是针对上一节重金属实体属性做出的进一步解释与设计。ID 代表重金属类型 ID，重金属类型有多种，通过 ID 判断这个表重金属类型是哪种，类型为 int；ID 代表重金属类型 ID，equipment 代表设备 ID，重金属信息的获取需要使用采集设备，不能为空，设备用编号表示，用 int；Time 是采集时间，采集信息需要记录采集的时间，方便以后根据时间查询信息，不能为空，类型为 datetime；Heavy_metal_plan 代表处理计划，对于得到的危化品信息需要进行处理，要做出一个对其进行处理的计划，以便后续的使用，不能为空，文字叙述，用 varchar 类型；Info 代表采集来源，也就是采集信息的监测区域，才能判断是哪块海域发生了污染，不可以为空，文字叙述，用 varchar 类型；Heavy_metal_mg 代表重金属管理，采集的重金属的海洋信息，需要对其进行信息方面的管理，进行整理，便于以后的使用和分析，不能为空，文字叙述，用 varchar 类型；Temp 代表温度，海水的温度可能和重金属的污染情况有所关联，可以记录下来，判断是否有关系，不能为空，会存在小数，用 float 类型；SAL 代表盐度，海水信息肯定会含有盐度，不能为空，可能会存在小数，类型用 float。

字段名称	数据类型	非空	注释
ID	int	TRUE	ID
Sea_area	varchar	TRUE	采集海域
time	datetime	TRUE	采集时间
type	varchar	TRUE	类别
remark	varchar	TRUE	备注

如表 3-9 所示。ID 是重金属历史数据表，记录以前重金属的数据，每一个表用编号表示，不能为空，类型为 int；Sea_area 代表采集信息所在海域，才能判断是哪块海域发生了污染，不可以为空，文字叙述，用 varchar 类型；time 是采集时间，记录以前历史事件的采集的时间，方便现在和以后可以根据时间查询信息，不能为空，类型为 datetime；type 代表重金属类型，是介绍 ID 所代表的具体重金属类型内容，可以直接得知重金属信息的大概内容，不能为空，文字叙述，用 varchar 类型；remark 是代表备注，对于历史记录的重金属数值表进行一些记录内容，记录该重金属信息的一些情况，作为以后分析的帮助，不可以为空，文字叙述，用 varchar 类型。

表 3-10   重金属结果表

字段名称	数据类型	非空	注释
ID	int	TRUE	重金属结果编号
type	varchar	TRUE	重金属类别
content	varchar	TRUE	含量

如表 3-10 所示。ID 代表重金属结果编号，重金属信息有很多样本，每一个通过分析之后都会得出结果，需要对结果进行编号，便于以后查找，不能为空，类型为 int；type 代表重金属类型，是介绍 ID 所代表的具体重金属类型内容，可以直接得知重金属信息的大概内容，不能为空，文字叙述，用 varchar 类型；content 代表重金属的含量，含量值也就意味着重金属的污染严重程度，是判断污染程度的标准，不能为空，文字叙述，用 varchar 类型。

表 3-11   溢油信息结果表

字段名称	数据类型	非空	注释
ID	int	TRUE	溢油结果编号
GP	varchar	TRUE	光谱值
thickness	int	TRUE	油膜厚度
Sea_area	int	TRUE	海域编号

如表 3-11 所示。ID 溢油结果编号，溢油信息有很多样本，每一个通过分析之后都会

得出结果，需要对结果进行编号，便于以后查找，不能为空，类型为 int；GP 是光谱值，溢油的污染情况可以通过光谱值的大小来判断，不能为空，文字叙述，用 varchar 类型；Sea_area 代表采集信息所在海域的编号，通过海域编号查出所属海域，记录该海域污染情况，不能为空，类型为 int；thickness 代表油膜的厚度，这个数值是代表溢油的污染程度，通过该数值才能得知该海域具体污染情况，不能为空，文字叙述，用 varchar 类型。

表 3-12　溢油信息表

行键	时间戳	列簇	
		危化品信息	采集信息
表 ID	t	ID：溢油类型 ID Oil_type：油料类型	Time：采集时间 Equipment：设备 ID Info：采集来源 Sample：样品信息 m_name：监测区名称 SAL：盐度 Temp：温度

如表 3-12 所示。溢油信息表主要是针对上一节溢油属性做出的进一步解释与设计。ID 代表溢油类型 ID，溢油类型有多种，需要通过 ID 判断这个表溢油类型是哪种，类型为 int；Oil_type 代表油料类型，是介绍 ID 所代表的具体溢油类型内容，可以直接得知溢油信息的大概内容，不能为空，文字叙述，用 varchar 类型；Time 是采集时间，采集信息需要记录采集的时间，方便以后可以根据时间查询信息，不能为空，类型为 datetime；Equipment 代表设备 ID，溢油信息的获取需要使用采集设备，不能为空，设备用编号表示，用 int；Info 代表采集来源，也就是采集信息的监测区域，才能判断是哪块海域发生了污染，不可以为空，文字叙述，用 varchar 类型；m_name 代表监测区名称，记录采集危化品信息的区域，根据采集信息情况判断监测区海水的危化品污染情况，不可以为空，文字叙述，用 varchar 类型；Temp 代表温度，海水的温度可能和溢油的污染情况有所关联，可以记录下来，判断是否有关系，不能为空，会存在小数，用 float 类型；SAL 代表盐度，海水信息肯定会含有盐度，不能为空，可能会存在小数，类型用 float。

表 3-13　后台管理信息表

字段名称	数据类型	非空	注释
userID	int	TRUE	管理员 ID
rootID	int	TRUE	权限 ID
roleID	int	TRUE	角色 ID
mokuaiID	int	TRUE	模块 ID
Time	datetime	TRUE	登录时间
remark	varchar	FALSE	备注

如表 3-13 所示。后台信息表的具体字段和表示信息。userID 代表管理员 ID，是管理整个后台的人员，通过编号 ID 来识别，不能为空，类型为 int；rootID 代表权限 ID，表示几级权限，不同管理人员和用户用于不同的权限，不能为空，类型为 int；roleID 代表角色 ID，代表是谁在执行操作，是用户，或者几级权限管理人员，不能为空，类型为 int；mokuaiID 代表模块 ID，是对于系统的某一块功能进行操作，记录人员具体进行了什么操作，出现问题可以查找负责人，不能为空，类型为 int；Time 是登录时间，人员登录的时间记录下来，后续可以得知人员是什么时间登录的系统，以便查找某一时间段出现了什么操作，便于查看，不能为空，采用 datetime 类型；remark 代表备注，做一些备注内容，记录登录后发生的一些情况，可记录可不记录，可以为空，文字叙述，用 varchar 类型。

表 3-14 查询信息表

字段名称	数据类型	非空	注释
ID	int	TRUE	ID
name	varchar	TRUE	表头名称
Time	datetime	TRUE	创建时间
type	varchar	TRUE	类别
ZXR	int	TRUE	执行人 ID

如表 3-14 所示。ID 是查询表的 ID，每项监测海洋污染事件都有一个查询表，便于查询污染事件的事件和处理人，不能为空，类型为 int；name 是表头名称，通过表头名称显示查询信息表的查询的大概信息，不能为空，文字叙述，用 varchar 类型；Time 是查询信息表的创建时间，记录各项查询操作的时间，以后查操作时可以得知时间，不能为空，类型为 datetime；type 是查询信息表查询的污染类别，记录查询过程，不能为空，文字叙述；ZXR 是执行人 ID，执行人需要查询信息进行操作，以后查找负责人就是查找执行人，不能为空，类型为 int。

表 3-15 统计表

字段名称	数据类型	非空	注释
ID	int	TRUE	统计结果编号
resolve	varchar	TRUE	Resolve 事件
Name	varchar	TRUE	表头名称
Content	varchar	TRUE	内容

如表 3-15 所示。ID 是统计结果编号，统计表需要将所有信息处理结果进行统计，对每个统计表进行编号，不能为空，类型为 int；resolve 是代表发生的事件，记录监测区海域污染的每个事件，文字叙述，用 varchar 类型；Name 是表头名称，通过表头名称显示记录表的大概信息，便于查询，文字叙述，用 varchar 类型；Content 代表着统计内容，对于每一项的污染事件进行详细记录，文字叙述，用 varchar 类型。

表 3-16 监测设备表

字段名称	数据类型	非空	注释
ID	int	TRUE	监测设备编号
Name	varchar	TRUE	监测设备名称
type	varchar	TRUE	监测设备类型
Func	varchar	TRUE	监测设备功能
Ocean	varchar	TRUE	监测设备所属海域
Number	varchar	TRUE	监测设备类型编号

如表 3-16 所示。ID 是监测设备编号，所有海域的监测设备进行统一编号，不能为空，类型为 int；Name 是监测设备名称，通过名称显示监测设备大概信息，便于查询，文字叙述，用 varchar 类型；type 是监测设备类型，不同类型监测不同水质指标，类型为 varchar，不能为空，文字叙述；Func 是说明该监测设备的具体功能，能够测量什么水质指标，用 varchar 类型，不能为空；Ocean 是代表监测设备所属海域，用 varchar 类型，不能为空；Number 是说明该监测设备类型的编号，代表这个类型设备的第几个，防止混淆，用 varchar 类型，不能为空。

表 3-17 监测海域表

字段名称	数据类型	非空	注释
ID	int	TRUE	监测海域编号
Name	varchar	TRUE	监测海域名称
X	varchar	TRUE	X 轴坐标
Y	varchar	TRUE	Y 轴坐标
Time	datetime	TRUE	创建时间

如表 3-17 所示。ID 是监测海域编号，监测海域统计表需要将该海域的添加信息进行记录，对每个海域进行编号，不能为空，类型为 int；Name 是监测海域名称，通过表头名称显示监测海域的大概信息，便于查询，文字叙述，用 varchar 类型；X 轴和 Y 轴是记录监测海域的地理位置，用 varchar 类型，不能为空；Time 是该监测海域的创建时间，以后查询操作时可以得知创建时间，不能为空，类型为 datetime。

表 3-18 监测指标表

字段名称	数据类型	非空	注释
ID	int	TRUE	监测指标编号
Name	varchar	TRUE	监测指标名称
type	varchar	TRUE	监测指标类型
Small	Float	TRUE	轻度污染范围
Big	Float	TRUE	重度污染范围

如表 3-18 所示。ID 是监测指标编号，每个监测海域的监测指标进行编号，不能为空，类型为 int；Name 是监测指标名称，通过名称显示监测指标大概信息，便于查询，文字叙述，用 varchar 类型；type 是监测指标类型，不同监测指标类型代表不同污染类型，类型为 varchar，不能为空，文字叙述；Small 和 Big 分别代表轻度和重度污染范围，根据分布范围来判断水质污染程度，不能为空，可能会存在小数，类型用 float。

本节是基于大数据 Hadoop 框架，首先明确本系统的需求分析和设计目标，设计出了海洋信息大数据系统的框架，通过功能的设计和系统的详细设计对系统管理功能和数据管理功能做出了详细介绍，分析如何实现这些功能。然后介绍了数据库的设计，分析数据库的使用应对情况。从需求到实现描述了基于大数据的海洋信息监测系统。

第四节　海洋信息监测系统的实现

一、海洋信息监测系统的运行环境

硬件环境：海洋大数据信息系统会搭建一个集群，系统主要有三台计算机搭建。一台 Master 服务器，还有 slave1、slave2 两台服务器。

软件环境：本系统采用基于 Java 语言的 SpringMVC 开发框架和 easyUI 前端的开发框架来进行程序的编写，web 页面采用 tomcat，开发工具采用 IDEA，数据库采用免费的 Mysql 和 HDFS，Spark 作为分析计算引擎，集群分为 3 个节点，1 台为主节点，另外 2 台为分节点。三台计算机配置相同。

CPU：4G 双核处理器

操作系统：Centos6

Hadoop：2.7.2

Spark：3.0.0

本系统客户端采用的是 Javascript、Html、Css、Echarts 等编程技术；逻辑层是 MVC 框架、java 语言和 SpringMVC 技术；数据库采用 Mysql 与 HDFS 进行数据库储存。

系统服务器的设计遵从传统的 MVC 设计模式，将系统划分为视图层、模型层和控制层。视图层主要是 JSP 和 HTML 页面组成，模型层对应数据实体，控制层由各个 Action 做业务的管理，DAO 层负责对数据向数据库增删改查的操作。

服务器涉及的数据接口包括服务器与数据库和服务器与分布式文件系统 HDFS 以及服务器与前端的数据接口，服务器与 HDFS 和数据库之间的数据接口指的是服务器与其之间建立连接的技术，与前端的数据接口主要指双方之间进行通信的数据交换格式。

二、海洋信息监测系统功能的实现

本文是基于当前火热的大数据做出的一个海洋大数据环境监测系统，主要是监测海域的水质环境是否发生了污染，通过监控大屏实时监测，如果出现污染，则会在大屏发出警告提示，系统将交给负责人去调查污染区域，反馈污染信息。主要实现步骤：收集到海域水质信息后，每天固定时间系统会自动分析各个海域的新收集的海洋水质数据，然后轮流在大屏展示各个海域的污染状况，出现污染警告，就会派遣人员去调查。

（一）大屏展示功能的实现

系统大屏采用的是百度地图，通过 echarts 提供的百度地图 js 代码，使用直接 <script>引入方式的 bmap.js，然后加载显示中国地图。实现功能如图 3-31 所示。

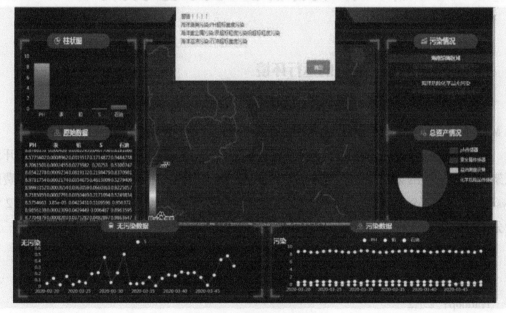

图 3-31 系统大屏展示图

在大屏中央显示的所监测的中国部分海洋地图，红色圆圈是具体监测的海域区域，可以根据需要添加或者删除管理监测海域区域等；左上角柱状图是海洋水质的指标，原始数据是滚动当前显示海域的水质数据，屏幕是轮流显示各个海域的情况；右上角是显示当前海域污染情况，红色文字说明该海域有污染情况；总资产情况代表监测该海域的全部设备，如各种传感器等；下面是通过折线图来展示在一段时间内海洋污染情况。海洋信息监测系统主要功能是监测海洋水质的情况，主要监测藻花、化学危险品、重金属和溢油这四类情况，分析采集的海洋数据信息，有污染的情况及时发出警报，可以让管理员派出人员及时处理污染状况。

数据采集，上文提到，每一块监测海域都有自己的监测设备，用来采集 pH 值、S、石油类、汞和铅等五个指标的海洋数据。采集数据时首先从客户端向服务器发送采集数据的请求，然后系统调用该海域的收集设备进行数据收集，收集来的数据需要进行清洗，数据过滤、数据融合后才能发送到管理员。管理员要对用户收集的数据进行直接查询，查看数据是否合格，质量方面或者是否重复等，只有合格才能通过审核。审核通过后才能储存在分布式文件系统 HDFS 上，以便以后查看和使用。

藻花污染的监测功能实现流程如下：首先查询和设定好海水水质相关监测指标，通过监测 pH 值来判断是否发生藻花现象，当然也可以通过观察水藻的生长程度，不过 pH 值监测更为提前和精确，可起到预防的作用。开始要设定好跟藻花相关的监测海洋指标数值，经过分析后，散点图展示出 pH 值的分布范围及个数，通过对比海洋水质标准来判断所分析数据是否超标和超标程度，判断监测海域的污染程度。

危化品污染的监测功能实现流程如下：危化品的监测以 S 元素为例，要监测 S 元素，首先在数据库确定好 S 元素的指标范围，以判断污染程度。将数据导入系统中后，管理员需要检测数据的可靠性，然后进行分析处理，生成散点图后，比较水质标准，看 S 元素是否超标。然后查看 S 元素分布密集范围和程度，判断是否发生危化品污染，程度是否严重。如果发生污染，需要大屏发布警告信息，并将监测信息结果在屏幕上显示出来，方便管理员查看来发布任务，调查处理污染情况。

重金属污染的监测功能实现流程如下：重金属的监测以汞和铅元素为例，要监测重金属是否发生污染，首先在数据库确定好汞和铅元素的指标范围，以判断污染程度。将数据导入系统中后，管理员照例检测数据的可靠性，然后进行分析处理，生成散点图后进行看汞和铅分布范围，然后查看元素分布密集程度，判断是否发生重金属污染，程度是否严重。如果发生污染，需要大屏发布警告信息，并将监测信息结果在屏幕上显示出来，方便管理员查看来发布任务，调查处理污染情况。

溢油污染的监测功能实现流程如下：重金属的监测主要监测石油类，先确定好石油类指标范围，以判断污染程度，数据进行分析处理后，生成散点图后，查看分布密集程度，判断是否发生溢油类污染，程度是否严重。也可以派遣人员去当前海域去查看，更容易判断，看海洋表面是否有石油漂浮，然后反馈污染情况。

（二）海域管理功能的实现

系统可以根据需要在地图上添加或者删除监测海域，通过经纬度来添加监测海域区域，还可以在对应海域查看该海域拥有的收集数据的传感器等监测设备，具体实现需要调用后台的海域管理的 OceanController，通过里面的 insertOcean 接口来实现海域添加功能，通过 DeleteOcean 接口实现海域删除功能，海域在地图显示功能需要调用 historyController 中的 getHistroyByOcean 接口实现，根据登录人员分为用户和管理员，管理员可以查看所有的海域情况，而用户只可以查看自己分析过数据的海域情况。

还有删除、显示海域设备等功能。实现功能如图 3-32 所示。

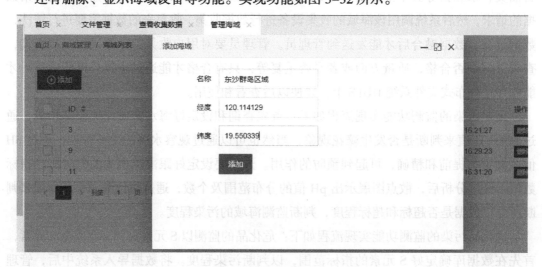

图 3-32 管理海域图

（三）设备管理功能的实现

系统中的每一个监测海域都有自己对应的海洋环境监测设备，比如 pH 值传感器，化学危化品传感器，溢油传感器，重金属传感器等，通过这些传感器来测量对应海域的水质数据然后进行收集，然后将文件上传到 HDFS 系统。具体通过需调用 EquipmentController 中的 insertEquipment 接口实现添加设备功能，通过 DeleteEquipment 接口实现删除设备功能。管理设备采用了增删改查功能。实现功能如图 3-33 所示。

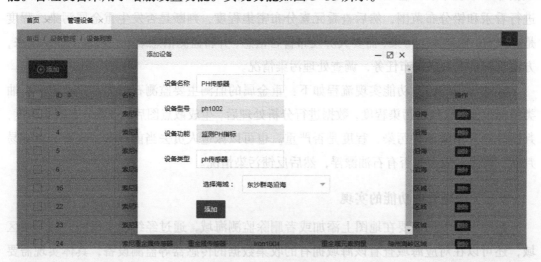

图 3-33 管理设备图

（四）污染指标管理功能的实现

海洋水质指标都有一定的范围数值，通过这些数值来判断水质是否发生污染，此功能主要是管理本文涉及水质属性的指标，以便对于不同海域或者特殊情况下修改相应的指标数值。本文涉及主要测量指标有 S，pH 值，汞，铅，石油等，具体实现通过调用 ZhibiaoController 中的 insertZhibiao 接口实现添加新指标功能，updateZhibiao 接口实现更新指标功能，DeleteZhibiao 接口实现删除指标功能。实现功能如图 3-34 所示。

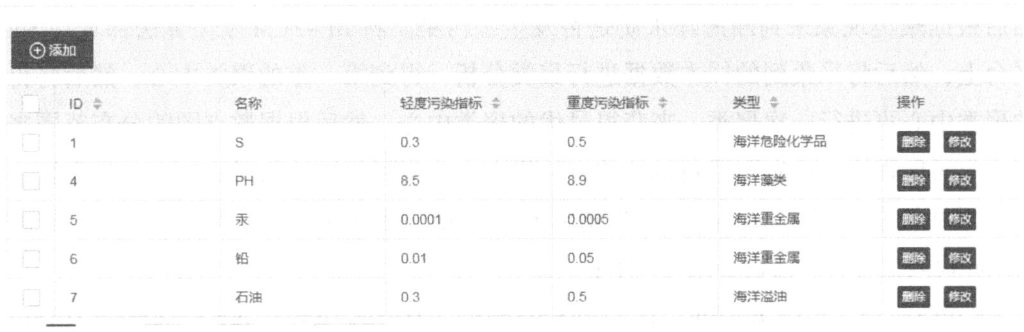

图 3-34 管理污染指标图

（五）海洋数据收集功能的实现

海域监测设备收集完数据以后，需要上传到 HDFS 文件系统，在上传之前，需要管理员进行判断查看数据是否合格，合格后才能给予通过，管理员可以在当前页面打开收集的数据查看，判断数据是否合格。通过调用 OceanController 里面的 ShowOcean 接口实现查看数据功能。管理员查看数据功能如图 3-35 所示。

图 3-35 查看数据图

删除数据功能如图 3-36 所示。

图 3-36 管理删除数据图

（六）分析功能的实现

系统的核心功能是采用 Spark 引擎，采用 BP-FCM 算法实现水质分析模块，对各个水质标准统一进行分析，本文采用的水质标准为 S、石油类、pH 值、汞和铅，分别来测试海洋化学品污染、溢油类污染、藻花污染和重金属污染，对每个指标一块进行分析，然后根据聚类现象来判断海洋水质是否发生了污染。将 BP-FCM 聚类算法部署在 Spark 平台上，然后将采集到的样本数据进行聚类分析，得到第一重的聚类中心，然后将得到的聚类中心再进行一次聚类，来获得最优的聚类中心，然后根据散点图的分布范围来确定水质污染程度。首先采用 upload 的方法将海洋收集到的海洋数据从 hdfs 文件系统上传到分析系统中，使用 python 编写的 BP-FCM 算法，使用 java 自带的 RunTime 方法调用 python 代码文件，算法核心代码如下：

center, u, u0, d, jm, p, fpc=cmeans（train, c=2, m=2, error=0.005, maxiter=1000）

算法中主要参数为 train、c、m、error、maxiter。train 代表要分析的数据，c 代表类的个数，m 代表隶属度指数，数值一般是 2，是一个加权指数，当隶属度的变化小于 error 的值提前结束迭代，maxiter 代表最大迭代次数。根据得到的聚类个数，将分析的数据的每项指标分为几类，然后根据几类分布个数的多少来判断水质的污染程度。上述 BP-FCM 分析完后的结果，交由 Spark 函数来处理结果，使用 rdd 算子和 map 函数，利用 map 函数来分析聚类结果。

核心代码如下：

rdd1=rdd.map（lambda line：bpfcm（argv[1]））.collect（）

rdd 算子是 Spark 中最基本的分布式数据集，map 函数是遍历 rdd 数据集，bpfcm 是上述的 BP-FCM 算法，collect 是收集遍历结果交给 rdd1，然后根据结果去判断污染情况。分析功能及结果如图 3-37 和图 3-38 所示。

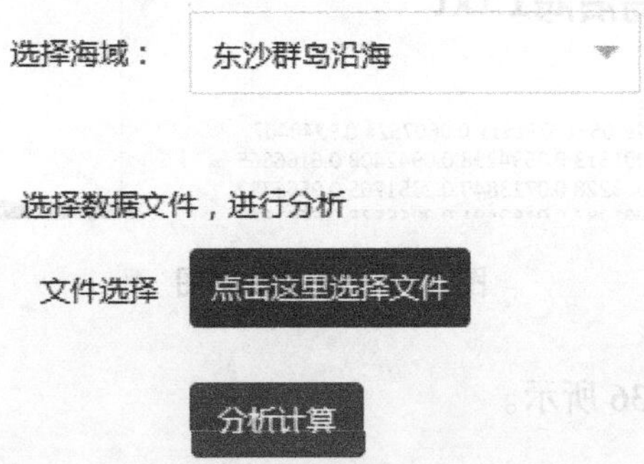

选择海域：　东沙群岛沿海

选择数据文件，进行分析

文件选择　　点击这里选择文件

分析计算

图 3-37　选择数据分析图

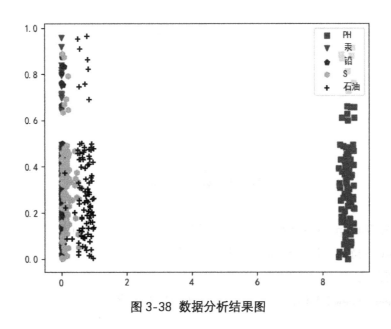

图 3-38 数据分析结果图

根据上图所示，水质的几项属性通过散点图展现，通过数值对比，然后可以看出海洋水质中各个属性是否超标，从而判断海洋水质是否发生污染。

在分析功能里面还有历史记录展示，用户以前使用分析功能分析过的数据记录都会被记载，如果有需要，可以随时查看以前的分析记录状况，也可以通过和现有分析完的状况进行对比，更精确地分析水质污染状况。如图 3-39 所示。

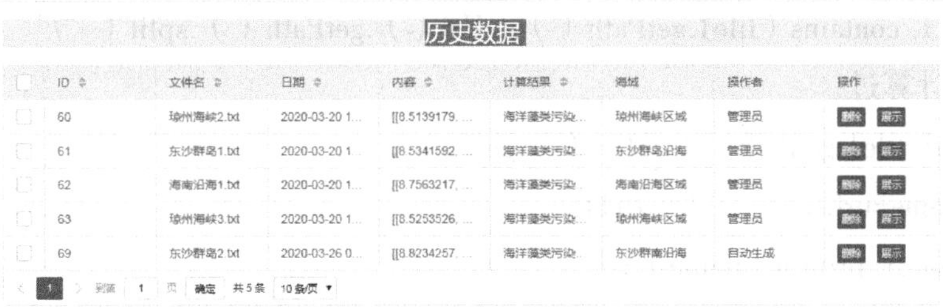

	ID ⇕	文件名 ⇕	日期 ⇕	内容 ⇕	计算结果 ⇕	海域	操作者	操作
☐	60	琼州海峡2.txt	2020-03-20 1...	[[8.5139179,...	海洋藻类污染	琼州海峡区域	管理员	删除 展示
☐	61	东沙群岛1.txt	2020-03-20 1...	[[8.5341592...	海洋藻类污染	东沙群岛海	管理员	删除 展示
☐	62	海南沿海1.txt	2020-03-20 1...	[[8.7563217,...	海洋藻类污染	海南沿海区域	管理员	删除 展示
☐	63	琼州海峡3.txt	2020-03-20 1...	[[8.5253526,...	海洋藻类污染	琼州海峡区域	管理员	删除 展示
☐	69	东沙群岛2.txt	2020-03-26 0...	[[8.8234257,...	海洋藻类污染	东沙群南沿海	自动生成	删除 展示

图 3-39 管理历史数据图

（七）文件管理功能的实现

文件管理功能实现了将数据文件储存到分布式文件系统 HDFS 和从 HDFS 中将数据文件下载本地，也可以将本地数据文件上传到分布式文件系统 HDFS 中。通过 HDFS 提供的 Client 向 Namenode 主节点发起请求，进行文件读写操作，将数据上传到 node 中。当数据储存过程出现宕机情况时，HDFS 可以实现自动恢复，这个过程通过 YARN 资源管理器进行资源管理。该平台目前采用的 HDFS 和 MySql 以及 HBASE 数据库进行储存数据，分布式文件系统 HDFS 储存数据，MySql 和 HBASE 储存文件，以实现分布式平台的高效利用。实现功能如图 3-40 所示。

图 3-40 数据分析结果图

系统采用的是 SpringBoot 框架，储存数据功能使用 SpringBoot 框架和分布式文件系统 HDFS 和 HBASE 持久化的过程如下。核心代码如下：

HDFS 持久化：

FileSystem fs=new FileUtils（）.init（）；//hdfs 连接建立

try{

List list=historyMapper.selectAllFilename（）；

DataSource dataSource=new DruidPoolsUtils（）.init（）；

ThreadPoolExecutor myexecutor=ThreadPoolUtil.creatThreadPool（）；FileStatus[]files=fs. listStatus（new Path（"/"））；// 读取 hdfs 的所有文件数据 for（FileStatus file1：files）{

if（file1.isFile（））{

if（!lis 工 contains（file1.getPath（）.toUri（）.getPath（）.split（"/"）[1]））{// 该文件没有被计算过

String url=file1.getPath（）.toUri（）.getPath（）；

String name=url.split（"/"）[1];

System.ou 工 println（name）；

Connection conn1=dataSource.getConnection（）；

String sql1="SELECT*from file where name=?"；PreparedStatement stmt1=conn1. prepareStatement（sql1）；// 数

据库查询

stmt1.setString（1，name）；

ResultSet rs1=stmt1.executeQuery（）；

首先建立分布式文件系统 HDFS 的连接，然后可以读取 HDFS 的所有数据，对数据库的内容进行查询，根据需求对应数据库查询存储在分布式文件系统 HDFS 中的内容，返回需要的结果。

HBASE 持久化：

1. 首先建立连接

```
private HBASEUtils（）{
if（connection==null）{
try{
// 将 HBASE 配置类中定义的配置加载到连接池中每个连接里
Map<String，String > confMap=HBASEConfig.getconfMaps（）;
for（Map.Entry<String，String > confEntry：confMap.entrySet（））{
conf.set（confEntry.getKey（），confEntry.getValue（））; }
connection=ConnectionFactory.createConnection（conf，pool）; admin=connection.ge-
tAdmin（）;
}catch（IOException e）{
logger.error（"HBASEUtils 实例初始化失败! 错误信息为: "+e.getMessage（），e）;
}
}
}
```

首先需要与 HBASE 建立好连接，接下来才能在 HBASE 数据库中进行操作。

2. 根据 rowkey 关键字查询报告记录

```
public List scanReportDataByRowKeyword（String tablename，String rowKeyword）throws
IOException{
ArrayList<Object > list=new ArrayList<Object >（）;
Table table=connection.getTable（TableName.valueOf（tablename））; Scan scan=new
Scan（）; // 添加行键过滤器，根据关键字匹配
RowFilter rowFilter=new RowFilter（CompareFilter.CompareOp.EQUAL，new Substring-
Comparator（rowKeyword））;
scan.setFilter（rowFilter）;
ResultScanner scanner=table.getScanner（scan）;
try{
for（Result result：scanner）{
list add（null）;
}
}finally{
if（scanner!=null）{
scanner.close（）;
}
```

```
    }
return list；
    }
```
根据设定的 rowkey 关键字，通过过滤器进行关键系匹配，来查询所需要的内容。

（八）任务分配功能的实现

系统发现海域污染警告时，会发布调查任务，会指定某个工作人员去海域执行调查任务。任务分配功能的实现需要接收处理人和任务的 ID，将两者绑定在一起，形成一个任务事件，储存在 MySql 数据库中。当工作人员完成任务后，就需要将调查的结果反馈给系统，提交任务结果需要参数任务的 ID 和结果内容，提交任务结果后，通过任务 ID 将内容储存到数据库中，然后系统前端可从数据库中读取数据。如图 3-41 所示。

	ID ⇕	日期 ⇕	计算结果	海域	处理状态	处理结果	处理人	操作
☐	60	2020-03-20 1...	海洋藻类污染	琼州海峡区域	已处理	海洋藻类污染...	哈哈	选择处理人
☐	61	2020-03-20 1...	海洋藻类污染	东沙群岛沿海	已处理	危化品无污染...	哈哈	选择处理人
☐	62	2020-03-20 1... ⌄	海洋藻类污染	海南沿海区域	未处理		王五	选择处理人
☐	63	2020-03-20 1...	海洋藻类污染	琼州海峡区域	未处理		李四	选择处理人
☐	69	2020-03-26 0...	海洋藻类污染	东沙群南沿海	未处理			选择处理人

图 3-41 任务分配图

三、海洋信息监测系统的应用

（一）实验过程

本实验主要是对南海一部分海域的海洋信息数据对海洋水质进行模糊聚类分析，来分析南海区域的海水污染状况。本文选取的是从南海测量获取的数据，通过各个监测海域的设备收集而来。此数据包含了海洋水质标准的各个指标，本文选取了其中常见重要的 pH 值、S、石油类、铅、汞五个指标作为主要研究对象，并将研究结果在系统大屏上显示出来。主要过程如下：

第一步，数据获取，上面介绍了数据采集功能，每一个监测海域都有自己的数据采集设备，将收集到的海洋数据经管理员查看合格后上传到分布式文件系统 HDFS 上，数据分析时可从 HDFS 文件系统中选取。

第二步，数据分析功能采取的算法是结合 Spark 的 BP-FCM 算法，实现模糊聚类功能，实现数据分析模块。

第三部，利用 Spark 的 BP-FCM 算法，选择要分析的海洋信息数据和相应的数据分析功能，实现水质污染状况的模糊聚类分析。将结果储存在分布式文件系统 HDFS 中，在系统中分析功能的历史记录可以查询分析结果。

（二）实验结果以及分析

本文使用的是基于 Spark 的 BP-FCM 算法，K 均值算法和本文所使用的算法在运行时间及准确度方面相对优于其他聚类算法。K 均值聚类算法的初始点选择不稳定，是随机选取的，这就引起聚类结果的不稳定。下面通过两种算法的聚类分析结果来证明本文所选算法聚类精确度更优。

通过选取不同数量的单属性数据进行分析得到的散点图来进行对比，将聚类中心分为两部分，首先是 3 000 条数据，如图 3-42 和 3-43 所示。

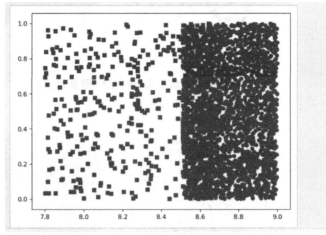

图 3-42　3 000 条 BP-FCM 聚类散点图

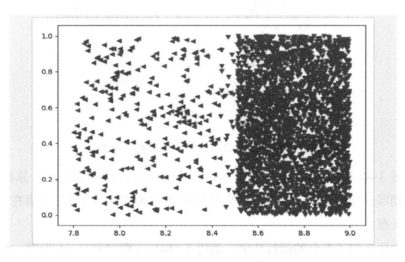

图 3-43　3 000 条 K 均值聚类散点图

然后是 5 000 条数据，如图 3-44 和图 3-45 所示。

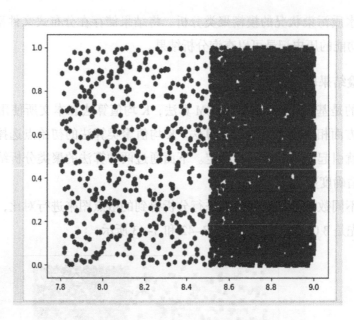

图 3-44　5 000 条 BP-FCM 聚类散点图

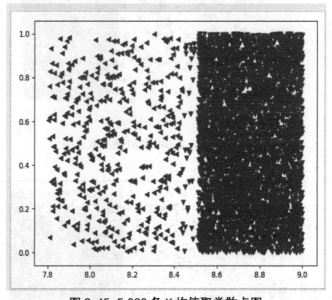

图 3-45　5 000 条 K 均值聚类散点图

　　通过图 3–42 和图 3–43 以及图 3–44 和图 3–45 可以看出，BP–FCM 算法和 K 均值的散点图右侧部分都聚集在一起，但左侧 BP–FCM 算法明显部分已经聚集在一起，K 均值还是分散状态。

　　本节主要介绍了平台的运行环境，运用了 Hadoop 框架和 Spark 引擎，数据储存采用了 MySql 和 HBASE 数据库以及分布式文件系统 HDFS，并且实现和展示了系统的各个功能。利用数据分析功能和大屏展示来测试系统的性能，验证了平台的实用性和可靠性，说明海洋大数据监测系统可以为相关部门做出一部分的贡献。

第四章 基于大数据技术的海洋观测数据预警系统设计

第一节 海洋观测数据采集发送端设计

一、基础理论

　　海洋观测数据采集发送端需要能够长期稳定地在单一海域完成数据采集与发送。主控单元需要能够支持系统唤醒后连续自动工作，实时收集观测设备的采样数据，并将数据进行清洗、压缩、加密等处理。观测平台安装在远离大陆的海洋中，通信方式需要保证发送端在各类极端情况下能够实现全天候低时延数据传输，通过最短的时间将数据传回本地服务器端进行数据分析，只有这样才能够保证在第一时间完成对海上内波的监测与预警。海上环境复杂多变，系统设计需要考虑降低工作能耗，减少环境干扰，提高系统的抗干扰性、稳定性，保证系统能够全天候稳定进行数据采集发送。

二、观测平台搭建（Observation platfbrm construction）

　　锚系潜标是一种通过锚系绳索连接海面观测设备与固定在海底的锚系之间的观测链。作为海洋观测数据采集端的搭载平台，具有安装简单、布放方便、可搭载多种设备的优势。且主体部分潜在海中具有一定的隐蔽性，便于保护仪器，适合长期定点观测。潜标底部安装重块与锚系用于固定潜标，并安装锚系释放装置用来实现回收和再布放，提高观测仪器利用率，降低观测成本。

　　本文使用的锚系潜标在原有数据采集链的基础上增加了实时卫星通信功能。通过在海上信标桶内安装卫星通信模块与天线实现卫星通信。锚系潜标全长 500 米，锚系绳索上安装大量温度传感器以及数字温盐深仪用于构建完整的温盐数据采集链。潜标主浮体安装在距离海面 100 米处，主浮体在保证潜标姿态的基础外还用来搭载实时水文数据观测仪器，用于采集实时水文数据。

三、搭载仪器选型与配置（Equipment selection and configuration）

（一）声学多普勒流速仪

多普勒流速剖面仪（ADCP）利用声学多普勒效应，通过声波在海水内传播，并将海水内微小粒子反射回来的声波作为衡量海水流速的依据，确定海水流速。声学多普勒流速剖面仪能够测量多层深的海水，按照海水深度分层记录海水流速与流向。实时观测潜标搭载两台多普勒流速仪，并垂直安装在主浮体上，分别监测主浮体上层和主浮体下层的海水流速与流向。

在数据观测过程中 300KADCP 声波发射头朝上，用于采集上层 30 层的海水流向及流速信息，75KADCP 声波发射头朝下，采集下层 30 层海水流向及流速，层深分别为 4 米与 8 米，采集时间周期为 3 分钟。ADCP 采用突发信息回传模式，通过串口将观测数据以 ASC Ⅱ 码进行输出。设备仅需要提前通过仪器自带软件进行配置，仪器电源被接通后就能按照配置时间周期进行自动数据采样及传输。采集到的数据通过 RS-232 串口实时传输到数据采集端主控模块。

当前一代的声学多普勒流速剖面仪采用 "$" 作为命令终止符，所有以 "$" 字符开头的是 NMEA 标准消息。"$PRDIK" 为数据标准头，用于识别数据类型；"sn" 为数据编号；"yyddmm" 为采样日期；"hhmmss.ss" 为仪器采样时间；"bx" 为取样层数；"mx" 为流速信息，单位为 mm/s；"dx" 为流向信息，具体为北方向为基准顺时针增大的角度值；"xx" 为 NMEA 数据校验位；"<cr><lf>" 为结束标志。

（二）数字温盐深仪

SBE37-SM MicroCat 是一款高精度自容式温度、电导率和压力数据采集设备，内置电池和非易失性存储器。利用集成在仪器上的温度传感器、电导率传感器和压力传感器来测量温度、盐度和深度三个参量，被称之为数字温盐深仪（Conductivity, Temperature, Depth）简称 CTD。

数字温盐深仪壳体采用耐压的铱合金材料以及塑料材质构成，能够满足在水下高压高盐低温环境下的长时间工作。SBE37-SM 有三种工作方式，分别为 CTD 自主控制、客户程序控制和串口同步传输。本课题需要采集实时数据并进行卫星数据传输，故选用串口同步传输模式。串行同步模式允许在 RS-232 传输协议上使用一个简单的脉冲（单个字符）来启动一个样本。这种模式还提供了与 ADCP 的简单集成，可以在不消耗电池或内存资源的情况下使该设备采样与 ADCP 同步。CTD 的工作机制只需要导入配置参数表，在实时观测过程中便可以实现自动观测和数据自动传输。

四、卫星通信方式分析选择（Analysis and selection of satellite communication mode）

（一）北斗三号短报文低轨卫星测控技术

短报文终端用于低轨卫星测控，突出特点是低轨卫星的大动态特性，相对于地面低速用户应用，需重点解决以下关键技术。

1. 星载遥测短报文入站卫星选择及信号频率补偿技术

按北斗三号卫星导航系统要求，用户终端需进行自适应多普勒频率补偿，使补偿后到达导航卫星入口处的频偏小于1kHz。由于每颗在轨低轨卫星，同一时间星载短报文终端可使用的短报文入站卫星不止1颗，其与不同导航卫星间相对运动产生的径向多普勒最大差别可达数十千赫兹之多，另外相对不同导航卫星的天线增益、传输距离也不相同，需首先进行入站卫星选择，之后针对该卫星进行频率补偿。入站卫星优选原则为：第一，多普勒频率修正值的绝对值较小；第二，入站卫星方向上短报文终端的EIRP值较大。对卫星上装载导航接收机的情形，可通过实时接收、估计、比较可视范围内导航卫星的导航信号信噪比和径向多普勒信息，选择信噪比高、多普勒绝对值低的卫星作为入站卫星。对无星载导航接收机的情形，则需在短报文终端上预置北斗三号卫星轨道及属性、短报文终端发射天线方向图等信息，结合由星务获取的卫星轨道和姿态信息，计算当时可用的入站导航卫星、理论多普勒以及理论EIRP值，优选信噪比高、多普勒绝对值低的可入站卫星作为优选卫星。

信号频率补偿应包括因相对运动产生的径向多普勒频率和因终端自身频率源准确度偏差两部分。对有导航接收终端的情形，可结合导航信息对上述两部分频率进行测量，综合优选入站卫星进行针对性补偿；对于无导航接收机的情形，相对径向多普勒可以通过轨道信息进行精确计算，但终端频率源准确度偏差部分，需要采用高稳频率源或采取定期测量等措施，满足修正后总偏差优于1kHz的要求。

2. 星载高动态短报文信号接收技术

低轨卫星的高动态特性，将增加星载终端低噪比遥控短报文信号的捕获、跟踪难度，需进行针对性设计。应对高动态信号捕获通常采用匹配滤波与FFT频域搜索相结合的方法，利用匹配滤波的时域实时性和FFT频域搜索的高灵敏度性，保证接收机在一定的硬件资源条件下的高灵敏度快速捕获。应对高动态跟踪通常采用锁相环与锁频环相结合的方法，将锁频环的动态跟踪能力和锁相环的跟踪精度相结合，实现对高动态信号的稳定跟踪。

3. 低轨卫星长时延闭环控制技术

短报文数十秒的前返向传输响应时延，对于卫星向测控中心周期性状态报告而言，主要影响地面对卫星状态了解的实时性。但对于卫星遥控工作，其影响程度与遥控过程密切相关。对通过遥测判别后决定是否重发指令或发送后续指令的遥控过程，双向长时延传输将延长遥控工作进程；对不通过遥测判别的连续多次重发类应急实时指令，长时延特性不会影响多次发送提高的可靠性，但影响指令执行的实时性；对提前注入的时间符合指令（数据）。长时延仅影响指令注入效率，不影响指令的执行进程。需根据不同的控制过程，分析长时延传输对遥控工作的不同影响，针对性地制定卫星控制策略。

4. 低轨卫星遥控报文寻址技术

对低动态短报文用户，北斗三号短报文系统可以将入站卫星作为出站卫星规划短报文路由。对低轨卫星用户，若使用上述策略，则需要用户卫星周期性发送入站信号，周期长短的选择与用户星遥测数据发送需求、用户卫星能源分配、用户卫星轨道、入站卫星选择等因素有关，需综合选择。另外，应探索由卫星测控中心将用户卫星轨道信息发送至与北斗短报文信关站的方式，使出站短报文以用户轨道为先验信息进行路由选择。该方式不仅可解除对用户卫星入站信号发送频度的约束，而且可用于对用户卫星的应急"盲发"操作。

（二）海事卫星（INMARSAT）

国际海事卫星通信系统是世界上第一个全球性的移动卫星通信系统，主要由 4 颗高静止轨道卫星组成，可以实现全天候卫星通信。海事卫星发展已久，技术成熟，被广泛应用于船舶航行过程中的实时通信。海事卫星通信系统功能强大，根据其功能的侧重点分为 A、B、C、F、Mini-m、FB 等系统，不仅能够提供实时通话、传真、短信服务等，还能提供稳定的数据传输及拨号上网功能。

1. 海事卫星实时通信优势

海事卫星实时通信有以下几点优势：

（1）功能强大

系统性能稳定，能够实现稳定的数据实时通信，海事卫星通信最高可实现 32 000bps 的数据传输，甚至可以实现视频传输。发展最早，功能齐全，能够保证在极端恶劣天候下稳定传输 SI。

（2）覆盖区域广

四颗卫星基本上实现全球海域全覆盖，能够满足全球范围内的实时观测。

（3）应用广泛

在船舶上广泛安装使用，可根据随船观测等不同观测手段实现功能性二次开发。

2. 海事卫星传输缺陷

海事卫星传输具有以下几点缺陷：

（1）费用高昂

海上观测数据需要实时传输，观测时间长，信息传输量大，如利用海事卫星进行传输，则费用很难得到控制。

（2）能耗较大

海事卫星终端多安装在舰船上，重量较大，数据发送时的瞬时功率高达 23W，不适合长时间数据传输。

综上可得出结论，海事卫星拥有实时通信系统最健全的功能，且性能稳定，但用作海上无人值守观测仪器的实时通信方案，有着功耗大、重量大、费用高等缺陷，并不适用于长时间观测。

（三）Argos 卫星通信系统

Argos 卫星通信系统，作为海洋观测过程中使用最广泛的卫星通信系统，多应用于海上浮标观测。该系统由六颗运行在近地圆形轨道上的卫星提供通信服务，具有全球覆盖能力。目前被广泛应用于海洋气象、水文数据观测的是第三代 Argos 系统，该系统所搭载的 PMT 通信模块，具备自主搜星功能。在通信卫星位置不适合数据传输时，会选择休眠，在卫星过顶时再次开启数据传输，最大限度节约功耗。该系统设计初衷便是用于海洋、气象等环境数据收集及传输，而且在全球各地建有地面控制站及接收中心，更有利于数据收集传输。

1.Argos 卫星通信系统优势

Argos 卫星通信系统具有以下几点优势：

（1）能耗低

拥有独特的低功率设计，由于 Argos 系统使用的是低轨道卫星，对通信模块的发射功率要求比较低，通信模块额定电流为 85mA，进行数据传输时输出功率仅为 1W。

（2）专用性强

Argos 广泛应用于海洋浮标观测，设计理念数据传输协议等适用于海洋数据观测，支持多种数据格式的转换下载，方便后期对于数据的处理。

2.Argos 卫星通信系统缺陷

Argos 卫星通信系统具有以下几点缺陷：

（1）传输效率低

Argos 卫星通信系统集成了 GPS 定位系统，可以实时获取浮标位置，但一次传输的信息量仅为 32 字节，传输间隔为 1 小时，不符合实时传输要求。

（2）安全性低

观测所得的数据都存至 Argos 服务器端，用户需要根据自身需求到网站进行下载，安全性无法得到保证。

综上可得出结论，Argos 卫星通信系统作为海洋水文与气象观测中使用最为广泛的实时通信系统，有着功能强大，性能卓越的优点，尤其在能耗方面有着优异的表现。但 Argos 系统每次传输信息量过少，多用来反映浮标定位位置。而且 Argos 作为国外的卫星通信系统，所有的数据传输都要经过其数据处理中心，敏感信息的安全性无法得到保障。

（四）铱星卫星通信系统

铱星卫星通信系统是由 66 颗低地球轨道（LEO）卫星与 6 颗备用卫星组成的一个独特复杂的全球星座。铱星系统设计初期是由 7 条近地轨道，每条轨道上运行 11 颗卫星，共计 77 颗卫星组成。卫星数量与铱元素原子数相同，故取名铱星系统。铱星网络能够为全球各地提供高质量的语音和数据连接服务，包括整个大气、海洋和极地地区。卫星在地球的一边、两极和地球另一边的同旋转平面上分阶段运行。第一个平面和最后一个平面旋转方向相反，形成一个"接缝"。共旋转面间隔 31.6°，接缝面间隔 22°。轨道的平均高度为 780 公里，每颗卫星每 100 分钟绕地球一周。

铱星的 LEO 网络距离地球仅 780 公里，与 GEO 卫星相比，意味着极点覆盖、更短的传输路径、更强的信号、更低的延迟以及更短的注册时间。在太空中，每颗铱星卫星最多可链接到四颗铱星卫星，从而创建了一个动态网络，该网络可在卫星之间路由通信，以确保即使在传统的本地系统不可用的情况下，也能实现全球覆盖。

铱星卫星通信具备以下几点优势：

第一，低轨道卫星，拥有更高的传输效率，数据传输时通信模块的功率仅为 0.17W，功耗较低，能够适应较长时间连续观测。

第二，铱星系统能够实现全球组网，传输延迟小，延退时间仅为 13 ~ 30 秒。

第三，铱星卫星突发短报文功能支持上行 340 个字符，下行 270 个字符的数据传输量，能够满足实时观测需求。

第四，铱星卫星通信模块，质量较小，便于安装在小型观测潜标之上。

综上对多种卫星通信系统在信息传输时效、覆盖区域、数据包容量、安全保密性等指标的对比分析，铱星卫星通信系统相比其他卫星通信系统具有延迟小、覆盖区域广、通信模块体量小、功耗小及数据包容量大等优点。但作为国外提供的卫星通信服务，在安全性上存在缺陷。综合各方面表现，最终选用铱星卫星通信系统作为海洋观测数据实时传输的通信方案。

五、数据采集端设计与实现（Design and implementation of data acquisition terminal）

（一）主控模块芯片选型

主控模块作为海洋观测数据采集核心，主要负责收集观测仪器的实时采集数据，并将原始数据进行处理后发送至数据发送端。主控模块需要具备支持多种观测仪器通信，运行功耗低，性能稳定，抗干扰能力强等特征。

主控模块选用 ARM 架构的 LPC11E68JBD100 芯片作为主控模块核心芯片。LPC11E68JBD100 是基于 ARM Cortex-M0+ 的低成本 32 位 MCU 系列产品，其 CPU 频率高达 50mhz，支持高达 256kb 的闪存，4kb 的 EEPROM 和 36kb 的 SRAM。ARM Cortex-M0+ 是一个易于使用的节能核心，采用双通道和快速单周期 I/O 访问机制。LPC11E68JBD100 芯片拥有丰富的外围设备，包括 DMA 控制器、CRC 引擎、两个 I2C 总线接口，最多可使用 5 个 USART，两个 SSP 接口，PWM 计时器，子系统还有六个可配置的多用途定时器，一个实时时钟，一个 12 位 ADC 温度传感器，功能可配置的 I/O 端口，最多 80 个通用 I/O 端口。

数据采集发送端需要完成从观测仪器到主控板模块，再由主控板模块到信标模块的数据传输，传输过程均需要水下电缆连接各部分串口实现。由于水下环境变化剧烈，为了防止浪涌、强磁场等对设备造成损害，同时为了保证数据传输过程的稳定性，对串口通信芯片的选择尤为重要。LTM2881 作为主控模块到信标模块的串口收发器，是一个完整的电流隔离全双工系统 RS485 收发器。其耦合电感器和隔离电源变压器在线路收发器和逻辑接口之间提供 2500VRMS 的隔离。该装置是一个理想的系统，其中的接地回路被断开，使得共模电压可以实现较大的变化。在转接限制模式下，能够实现数据最大传输速率为 20Mbps 或 250Kbps。接收器有八分之一的单元负载，支持每条总线最多 256 个节点。一个独立于主电源的逻辑电源引脚可以方便地连接从 1.62V 到 5.5V 的不同逻辑电平。增强的 ESD 保护使该部分能够承受收发接口引脚到隔离电源最高 15kV 的电压而不发生闭锁或损坏。

LTM2882 作为观测仪器到主控模块的串口收发器，是一个完整的电流隔离双管 RS232 收发器。不需要外部组件。单个 3.3V 或 5V 电源通过集成的、隔离的 DC/DC 转换器为接口两侧供电。一个逻辑电源引脚可以方便地连接从 1.62V 到 5.5V 的不同逻辑电平，独立于主电源。耦合电感器和隔离电源变压器在线路收发器和逻辑接口之间提供 2500VRMS 的隔离。增强的 ESD 保护使该部件能够承受高达 ±10kV（人体模型）的收发接口引脚到隔离电源的电压，并跨越逻辑电源的隔离屏障而不发生闭锁或损坏。

（二）数据压缩加密处理

鉴于实时传输条件限制以及数据安全性的要求，需要对采集到观测仪器的原始数据进行压缩加密处理。数据压缩是降低数据冗余，提高存储效率的有效措施，数据压缩全过程包含数据压缩与解压缩，这就需要数据传输的两端都要掌握数据压缩算法，这样在数据压缩的过程中也起到了数据加密的作用。结合两种观测仪器的原始采样数据，原始数据中包含大量的小数点、分隔符等，且数据格式较为固定，CTD 与 ADCP 采集的各项数据整数位与小数位都是固定不变的。根据数据格式设计专属这两类数据的压缩方式：

第一，CTD 数据使用 000 代替分隔符，区分各类参数，因其各参数拥有确定的整数位数与小数位位数，压缩过程去除各参数小数点，整数位不足则补零。

第二，ADCP 数据格式较为固定，在已知取样层数的前提下，舍弃原始数据中的层数信息，仅保留流速信息，且流速信息格式为四位整数一位小数，去除小数点，对整数位置不足进行补零处理。

第三，两种观测仪器的标志位改为字符串代替，CTD 将 # 标志位改为 010201，ADCP 将 $ 标志位改为 010101 与 010102 来区分两台 ADCP。

第四，采样时间转换为 UNIX 时间戳格式。

（三）数据存储设计

数据采集端收集到的观测数据在经过压缩加密处理后，会将数据存储到片外闪存中暂存。主控芯片与片外闪存通过 SPI 串口完成数据的高速读写。为了数据的安全性与传输准确性，采集端数据存储采取冗余设计。采集端主控模块配置两片容量为 8M 的闪存，数据采集时将同步传输至两片闪存中，在数据提取时，首先对数据进行校验，在其中一片中的数据出现读取失败时，读取备用数据，保证数据传输的完整性。

（四）数据传输流程

主控模块主要功能是实时收集观测仪器采集的数据，在经过处理后将数据发送至信标模块，等待卫星传输。观测仪器经提前设置完成，接通电源后会按照循环周期自主采集，观测仪器在进行数据传输之前为了节约能耗主控芯片处于睡眠状态，数据开始传输后主控模块自动唤醒。观测仪器采集的观测数据通过 RS-232 串口传输至主控芯片，系统程序将数据进行清洗加密压缩处理后，通过 SPI 串口将数据存储到片外闪存中。在需要进行数据通信时，主控芯片将片外闪存中的数据通过通信电缆发送至信标模块，等待进行卫星传输。主控模块搭载在潜标主浮体中，信标模块因其需要与卫星进行通信，信标模块要配置在海面浮体上，主控模块与信标模块距离较远，选用 RS-485 串口作为二者数据传输接口。

六、数据发送端设计与实现（Design and implementation of data sending terminal）

（一）卫星通信模块选型

铱星 9602 通信模块是一个卫星通信终端设备，除了天线连接器外，所有的设备接口都由一个单一多针接口连接器提供。9602 模块为核心收发器。所有现场应用功能，如GPS、基于微处理器的逻辑控制、数字和模拟量的输入输出、电源和天线，都可以根据应用场景进行自主开发。

铱星 9602 SBD 收发机包含三个连接器，一种多路用户连接器，一种射频天线连接器，一种 GPS 射频直通连接器。

串行数据接口用于命令 9602 和向收发机传输用户数据。9602 提供 9 线数据端口，接口为 3.3V 数字信号电平。9 线接口提供了更好的控制，但由于 9602 的代码空间小，处理资源有限，流量控制受到限制，铱星系统只能提供有限的 3 线接口支持。串行接口可以使用三线连接进行操作，其中仅使用传输、接收和地面信号。

铱星 9602 通信模块的 5 号引脚提供外部开 / 关输入。只要施加输入电压，这条线路上的逻辑高电平就会打开收发器，逻辑低电平就会关闭收发器。如果不需要这条线路，那么它必须直接连接到 +5V 电源上。在关闭通信模块之前，应发出"刷新内存"的 AT 命令，以确保完成所有内存写活动。当通信模块关闭时，不应该在电源到达 0V 后不超过 2 秒的时间内重新给一个单元供电。另外，如果通信模块没有响应 AT 命令，关闭模块电源，等待 2 秒，然后再重新打开电源。利用该引脚功能通过主控模块软件实现 9602 模块的实时唤醒与休眠控制，实现节约能耗功能。

（二）铱星短报文功能通信原理

铱星卫星通信系统由卫星网络、地面网络、用户端组成。卫星网络由运行在近地轨道的卫星组成。数据由覆盖全球的铱星卫星中继传输，直到数据到达距离用户单元最近的铱星卫星，数据再传回地球，保证数据传输的全球覆盖。地面网络由用于连接控制段和网关地面数据的网络系统组成。它提供全球运作卫星的支持和控制服务，并将卫星跟踪数据发送到网关。该系统有三个主要组成部分，四个遥测跟踪和控制站点、业务支持网络和卫星网络运营中心。主系统控制段之间的卫星和网关的连接是通过 K 波段馈线链路以及整个卫星星座来进行交叉连接。网关是为地面数据网络提供互连的地面基础设施。网关还为自己的网络元素和链接提供网络管理功能。

铱星卫星通信系统提供多种数据通信传输业务，包括拨号连接上网、直接上网连接、突发短报文传输、短信服务、网络路由数据连接。下面以本文将用到的铱星突发短报文数据传输服务（SBD）为例，对铱星通信连接过程做简要介绍。

铱星突发短报文数据业务（SBD）是一种高效的网络协议，设计用于比铱星数据交换业务更加经济的短消息数据消息传输。SBD 使用专用的网络协议在远程终端之间传输数据消息。全球网络传输消息的延迟范围从最短的约 5 秒到最长的约 20 秒。可以发送来自移动发射终端（MO-SBD）和移动接收终端（MT-SBD）的消息。MO-SBD 的消息大小在 1 到 1960 字节之间。MT-SBD 的消息大小在 1 到 1890 字节之间。

铱星突发短报文服务（SBD）根据终端用户的数据获取方式提供了终端到终端，终端到服务器这两种方式。铱星 9602 通信终端可以直接向另一个通信终端发送消息，数据发送终端 MO（Mobile Originated）直接发送到数据接收终端 MT（Mobile Terminated），称为 M2M 传输。移动发射终端（MO）发起 SBD 功能，将信息发送至卫星链路，卫星链路经由铱星网络将信息发送至网关，网关解析数据目的地 IMEI 后，将数据再次发送至卫星链路，经由卫星网络，最终发送至移动接收终端（MT）。目的地 IMEI 必须由终端代理商提前使用铱星 SPNet 配置工具在线完成配置。传输过程中只允许一种发送类型（电子邮件或 ISU-ISU），每个 MO 会话最多可以向 5 个 IP 套接字地量 / 端口发送数据。

终端到服务器的工作流程与终端到终端的基本类似。远程应用程序通过 L 波段（LBT）通信收发器 9602 模块发送铱星突发短报文信息（SBD）。利用串口下达 AT 指令来达到通信模块与主控芯片之间的数据传输。数据信息通过铱星网络传输，利用星间链路到达铱星网关。铱星网关可以将数据信息通过电子邮件或者网络套接字的方式发送到用户端，以进行进一步的数据处理。

无论是终端到终端，还是终端到服务器的传输方式，都要经过铱星网关。终端到终端的方式，数据发送与数据接收都要依靠卫星通信模块来进行卫星传输，数据传输与接收都要进行收费，不适用于数据量大的实时通信，并且卫星接收终端的数据接收依赖于卫星信号强度，在市区有较多遮挡与干扰的情况，数据接收就存在困难。为了方便日后对观测数据的二次开发利用，选用终端到服务器的方式，该方式通过公共交换电话网络（PSTN）进行数据传输，仅需要数据发送端搭载铱星通信模块进行数据发送。海洋观测平台建立在海洋上，没有建筑物遮挡，能保证数据稳定传输，接收端的数据接收依靠铱星网关推送数据到指定网络 IP 地址，这样就避免了数据接收终端由于信号问题导致的数据丢失，可有效提升卫星数据传输效率，降低卫星通信费用。

（三）信标模块硬件搭建

信标模块作为海洋观测数据发送端核心，安装在海面浮体中，由水下电缆与主控模块连接。信标模块主要由主控芯片、通信模块、电源模块、外部存储、卫星天线组成。信标模块通过 RS-485 串口与主控模块进行通信，主控芯片选用与主控模块同样的 LPC11E68JBD100 芯片，通信模块选用铱星 9602 通信模块用于实现卫星通信，电源模块用于为信标模块供电以及铱星通信模块，外部搭载一片闪存用于存储待发送数据。

电源保护芯片选用 LTC4367，LTC4367 是一个输入电压故障保护 n 通道 MOSFET 控制器。该部件将输入电源与其负载隔离，以保护负载不受其影响。在极端的电源电压条件下，可以为直流管接头提供极性保护，同时为合格的电源提供低损耗路径。LTC4367 还提供精准的过压和欠压比较器，以确保只有当输入电源满足用户可选择的电压窗口时，才向系统供电。在正常运行过程中，高压电荷泵增强了外 n 通道功率场效应晶体管的栅极。正常工作时功耗为 70ga，关闭期间是 5ua。

信标模块负责与卫星进行通信，并通过卫星天线进行数据广播，传输过程中的平均能耗为 0.8W。系统需要在海上长期工作，对功耗的要求严格，铱星通信模块的功耗较低，但为了进一步节约能耗，在信标模块没有数据传输时，停止为信标模块供电，在主控模块完成数据处理，需要进行数据发送时，通过 Wkn 端口唤醒电源控制模块，进行供电。唤醒信号为 5V 的 CMOS 信号。

（四）铱星通信模块配置

铱星 9602 通信模块通过 AT 命令进行配置和操作。系统工作时，信标板主控芯片通过发送 AT 指令来完成铱星 9602 的配置。常用的 AT 指令如下：

ATQ0 开启数据反馈通知

AT&D0 三线串口通信模式

AT&K0 禁用 RTS/CTS 流量控制

AT&W0 存储配置文件

AT&Y0 选择配置文件

AT*F 关闭电源前将数据保存至 EEPROM

AT+CSQ 查询卫星信号强度

AT+IPR=5 设置数据传输波特率

AT+SBDWB=<SBD message length〉将二进制 SBD 消息发送到 9602 模块 AT+SBDI 启动 SBD 会话

AT+SBDD<0 >清除移动发送终端缓冲区数据

（五）数据发送功能实现

主控模块完成数据采集后通过串口通信唤醒信标板主控芯片，并通过 RS–485 串口将数据发送至信标模块闪存中存储。信标模块主控芯片通过 AT 指令完成对通信模块的基本配置后，通信模块进入数据发送阶段。通信模块成功连接卫星网络后，主控芯片提取闪存中的数据，计算数据包大小，将数据包详情与内容信息发送至通信模块缓存区，通信模块校验完成后发送至天线，进行数据传输。数据传输完成后，关闭无线通信，清除移动发送终端缓存区，关闭通信模块电源。

本节详细介绍了海洋观测数据采集发送平台的开发过程，包括观测仪器的选型以及设备的具体配置，并结合设计需求，详细分析了包括铱星卫星通信系统在内的多种卫星通信系统的工作模式。设计实现海洋观测数据采集端主控模块的硬件配置，芯片选型与工作流程。根据采样数据特征设计适合于原始观测数据的数据压缩加密处理。具体介绍了铱星 9602 通信终端硬件配置与铱星突发短报文功能，根据需求设计实现信标模块数据发送功能。

第二节　海洋观测数据接收端设计

一、海洋观测数据接收端基础理论

海洋观测数据接收端作为面向最终数据应用终端产品的数据中心，需要兼具数据获取、处理、存储及为数据的二次开发提供接口的作用。不同于海洋数据采集的方式，实时观测数据需要经过卫星链路以及网络传输到达用户端。后期海洋数据处理以及数据推送都需要搭载网络进行。因此需要一个支持网络联通，而且允许多用户接入的平台为海洋数据实时观测与信息推送提供硬件支持。海洋观测数据种类多样，数据根据不同传感器、不同采集时间、不同采集空间等多种应用场景，表现出数据量大、种类繁多等特征。设计需要根据应用终端产品，或者海洋观测仪器的不同，对观测数据进行合理化分类，以方便二次开发利用。海洋观测数据因其采集环境恶劣，数据传输困难等原因，获取到的数据显得尤为珍贵，同时数据传输依赖于网络，就对数据的安全性提出了更高的要求。

二、海洋观测数据服务器搭建（Establishment of ocean observation data server）

服务器作为计算机的一种，拥有比个人电脑更高的计算能力与更强的性能。根据其提供的服务，可以分类为文件服务器、数据库服务器、应用服务器、WEB 服务器等。其中数据服务器功能侧重于系统用户与服务器进行数据的读取与更新，例如数据库系统为数据服务器提供数据接口，进行数据库的创建、数据插入、查询、删除等操作。海洋观测数据接收端对数据的处理能力、可靠性、安全性、可扩展性等方面要求较高。根据相关需求搭建高性能海洋观测数据服务器，用于实现海洋观测数据的接收，海洋观测数据大数据存储与终端数据产品生成与推送。海洋观测数据服务器主要配置为：

系统：Windows Server 2012 R2

处理器：2 颗 E5-2620 V4（16 核心）

内存：2*16GRDIMM，双列，x8 带宽

硬盘：2*800G SSD+4*4T 硬盘

三、海洋观测数据数据库设计与实现（Design and implementation of ocean observation data database）

（一）数据库选型

数据库（database）通俗来讲是一个存放数据的电子仓库，这个仓库是按照数据的组织形式或数据之间的联系来组织、存储数据的。数据库根据其模型类型分为关系型数据库与非关系型数据库。

SQL server 作为典型的关系型数据库系统，关系型数据库结构建立在二元关系的基础上，关系型数据库是表的集合，通过对数据表的分类、连接等运算来实现复杂数据的整理与管理。SQLServer 数据库系统其主要特点有：

第一，SQL 语言作为关系型数据库通用语言，通过 SQL 实现数据的查询、增添、删除等操作十分便捷、高效，方便开发对于数据库操作的软件系统。

第二，SQL 数据库拥有可视化的管理工具，支持本地以及远程的数据库管理与配置，操作简便。

第三，SQL 数据库系统提供了丰富的编程接口工具，方便在不同平台开发涉及数据

库的应用。

综合以上分析，选用 SQL 数据库系统作为海洋观测数据库存储实时观测数据，并构建观测仪器数据表分类存储详细数据。

（二）数据库逻辑结构设计

实体–联系模型（E–R 模型）是基于对现实世界的认识设计而成，现实世界是由实体对象以及这些对象之间的联系构成。将这种现实世界中的关系映射到数据库设计中，有利于数据库概念模式的设计。E–R 模型主要由三部分组成：实体集、联系集、属性。实体集是指数据库中存储的具有相同属性，相同类型的集合；联系集是指各种实体集合之间的复杂关系；属性是指各数据实体的数据属性。

现阶段根据实时获取的海洋观测数据进行数据化实体设计，实体包括接收到潜标原信息，其中包括潜标搭载的卫星通信模块的相关信息如数据包序号、系统时间、采集时间、数据包数据类型、数据长度以及海洋观测数据采集的原始数据。再根据不同海洋观测仪器分成两个实体：多普勒流速剖面仪（ADCP），对象包括仪器编号、30 层的海流流速以及海流流向数据；数字温盐深仪（CTD），对象包括海水温度、压力值、海水盐度以及海水电导率。

（三）数据库逻辑结构实现

数据库逻辑结构就是将 E–R 图转化为数据表的逻辑结构，方便对于数据库各表的设计，确保各表的结构合理，提高数据利用效率，同时方便观测数据丰富后对数据库进行扩展。根据接收到的数据特征，设计三个数据表，源数据表，海流数据表，温盐深数据表。源数据表用于存储软件接收端接收到的原始数据，主要包含获取源数据系统时间、通信模块编号、采样时间与观测仪器的原始数据。根据原始数据不同的数据类型再分为海流数据表与温盐深数据表，源数据表中的数据序号 number 作为主键，海流数据表与温盐深数据表中 num 作为外键，关联 number，保证数据的一致性，方便对于各表的索引。

四、海洋观测数据服务器接收端软件设计（Software design of ocean observation data server receiver）

（一）软件需求分析与功能设计

服务器接收端软件主要用来获取通过铱星网关传输来的实时数据，将数据进行解码、解压缩处理，并将数据分类存到数据库中指定表中。软件需要实现的功能包括：

第一，对特定端口进行监听，在有数据需要传输时与铱星网关建立连接，实时接收观测数据。

第二，接收到原始数据后，对数据进行解码、解压、清洗。

第三，完成数据预处理后，连接海洋观测数据数据库，将原始数据和分类之后的数据存储在三个表中。

（二）实时数据获取

铱星卫星突发短报文（SBD）功能为终端用户数据传输提供 E-mail 与 Direct IP 方式。电子邮件传输方式是指从铱星通信发射终端发送到铱星网关的消息在网关处进行处理，并立即进行格式化，然后发送到铱星通信接收终端 IMEI 提供的目标电子邮件地量。发送的数据内容消息将作为二进制附件从铱星网关发送到用户的电子邮件。二进制附件使用 RFC 2045 中定义的标准 MIME Base64 编码进行编码。与发送到铱星网关的移动端终止消息不同，发送到用户邮箱的移动端终止消息在电子邮件消息体中包含其他信息。这些信息包括来自移动的消息序列号（MOMSN）、会话的时间、会话状态、消息大小和铱星通信发射终端特定的地理位置信息。

Direct IP 协议与电子邮件协议相比，Direct IP 提供了更低的发送延迟。它由一个专门的面向套接字的通信协议组成，该协议利用了铱星网关 SBD 子系统和用户端应用之间的直接连接。SBD 与移动发射终端 MO 和移动接收终端 MT 电子邮件消息的处理类似，Direct IP 由单独的 MO 和 MT 铱星网关组件组成。铱星网关 MO 组件试图建立到用户服务器的连接以进行 MO 传输，而铱星网关 MT 组件则积极侦听来自用户客户端的连接以进行 MT 传输。无论哪种方式，用户客户端只在传递数据时附加到服务器。为方便数据接收后及时分析处理，数据获取方式选用 Direct IP 形式。

（三）数据通信原理分析

MO Direct IP 和 MT Direct IP 协议都利用双向 TCP/IP 套接字连接。MO Direct IP 协议只将 SBD MO 消息从铱星网关客户端发送到用户服务器。不需要来自服务器的确认。在传输过程中铱星网关打开一个套接字，连接到用户端应用程序，并交付 MO 消息，包括 SBD 会话描述符。发送到用户端应用程序的消息以先进先出（FIFO）的方式交付数据，因此它们以与铱星网关接收到的消息相同的顺序交付。发送到用户应用程序的所有其他消息都在第一个消息之后排队。每个套接字连接只传递一条消息。建立套接字连接后，发送一条 MO 消息，然后关闭套接字。对于排队等待交付到供应商服务器的每个 MO 消息，都重复此顺序。

铱星网关推送至用户应用端的信息组成包含，MO Header IEL MO Payload IEL MO Location Infonnation IEL MO Confirmation IEI 四部分。

MO 信息中的帧头信息（MO Header IEI）是每个 Direct IP MO 消息传递中所必需的。它包含了唯一标志 SBD MO 消息所需的所有信息。它还包括用于相关 MT 消息传递（如果有的话）的整个 SBD 会话状态和标志符（MTMSN）。

MO 信息中的有效负载信息（MO Payload IEI），此信息元素包括在帧头中标志的

SBD 会话期间从 IMEI 发送到铱星网关的实际 MO 有效数据。在与空邮箱检查（EMBC）会话或在 MO 消息传递失败的相关会话中，将不包含任何有效数据。

MO 信息中包含的位置值（MO Location Information IEI）提供了原始卫星通信模块位置。在 MO 消息传递中包含的位置信息是可选的。定位位置的分辨率是 1/1000 分，在 10 公里内的准确度只有 80%。

MO 回传确认信息（MO Confirmation IEI），该信息是从用户端回传至铱星网关，以确认数据是否传输成功。该功能需要根据需求进行开启，开启后，每次用户端接收到信息后都需要回传确认信息来确认是否成功传输。

（四）数据获取工作流程

TCP/IP 协议提供了点对点链接的机制，以标准化格式要求数据的封装、定量、传输、路由以及在目的地如何接收。TCP 是注重数据传输连续性，可靠性的流协议。在利用 TCP 进行数据传输前，服务器端与客户端会相互发送三个数据包（也称三次握手）以建立稳定的连接，在传输结束后服务器端与客户端相互发送四个数据包以断开连接（也称四次挥手）。这样的数据传输方式可以有效保障数据流在传输过程中的连续性与准确性。

在 MO Direct IP 传输中，铱星网关作为数据传输客户端，数据服务器端作为服务器。在需要进行数据传输时，铱星网关作为客户端向服务器 IP 地址及端口提出连接，在经过三次握手连接成功后，客户端构建 socket 套接字，将数据信息发送至服务器端，发送成功后关闭套接字，四次挥手后，关闭连接。数据服务器作为服务器端，时刻监听通信端口，获取连接后，接收客户端传输数据，数据传输完成后，关闭套接字，一次传输结束。客户端在对服务器端的连接出现失败时，客户端将进行重试，重试将在 1、5、10、20、30、60、120、240 和 360 秒后进行，此后每次重试最多使用 360 秒。

数据服务器端接收软件接收到数据后，分析数据包帧头信息，首先判断传输状态 Session Status，数值为 0 则表示数据传输成功，如若出现其他值，则表示数据传输失败，舍弃该数据包，并提示错误信息。

确认数据接收成功后，将数据进行解码，解压缩处理。获取帧头信息中的此次传输的 IMEI 号、数据序号、传输时间等。将原始观测数据进行数据还原至仪器采集时的 NMEA 标准格式。数据处理完成后，进行数据存储。连接本地数据库，将原数据根据传感器种类进行分类，并通过 SQL 语句进行数据插入，完成数据存储。

（五）软件功能开发与实现

软件运行在 windows 系统的服务器桌面端，设计能够根据实际应用情况进行功能的开启与关闭，能够显示软件运行状态，能够对软件运行中的错误进行及时反馈，方便开发人员进行改进。

服务器数据接收软件使用 Java 语言进行开发。Java 作为面向对象开发语言，对 C++

语言进行了改进，为网络管理、数据库系统、界面开发等提供了丰富的接口，功能强大且使用简便。

界面主要有数据提示模块与按钮模块两个部分组成，由于铱星通信模块在开启 Direct IP 功能时已经填写过服务器的公网 IP 与数据接收端口，在界面中不再显示网络连接的具体数据信息。

按钮模块。开始按钮按下，开启程序主线程，监听铱星网关数据。在停止按钮按下之前，程序会不停监听端口是否有客户端申请连接，断开连接按钮按下之后，等待其他线程运行结束，退出主循环，不再监听端口。

数据提示模块。软件运行过程中，主要功能运行情况都在数据提示栏中进行显示。开始按钮按下后，数据提示栏显示软件已启动，等待客户端连接。铱星网关发起客户端连接，连接成功后，会进行相关提示。数据传输成功后，会将数据传输时间、数据类型与数据包大小进行显示。软件接收到信息后自动桥连本地数据库，进行数据插入，连接成功提示会显示在数据提示栏。中间过程出现错误时，提示栏会提示错误信息，并主动退出程序。

五、软件工作流程（Software workflow）

开始按钮按下，程序启动，服务器接收软件开始监听端口是否有来自铱星网关的连接；连接成功构建后，建立套接字，开始接收铱星网关的信息。接收完成后，对数据进行分析，根据帧头信息中的相关信息判断传输状态，根据传输字长，判断是否有数据丢失。如果数据传输失败或出现数据丢失，则会将错误信息反馈至界面数据提示栏，且不会触发数据存储功能。若数据判断无误后则将数据进行转码，负载数据解压缩，数据分类，并触发数据存储功能，连接本地数据库，将原始数据，两种不同观测设备数据进行存储。完成所有流程后，关闭数据库连接，关闭套接字，重新开始监听端口，直至停止按钮被按下，退出循环。

本节通过对海洋观测数据回收存储需求的分析，构建了海洋观测数据服务器端以及根据观测仪器类型搭建海洋观测数据数据库作为海洋实时观测数据的接收端。设计实现服务器端接收软件，根据铱星 Direct IP 传输协议，实现数据接收分类存储，详细阐述软件工作原理及流程，完成对观测数据的实时接收分类存储。

第三节　海洋观测数据预警推送端设计

一、海洋观测数据理论基础

海洋中的波动不只有日常生活中可以目测到的海水表面的波浪、潮流等，还有海水内部的波动，简称内波，包含内孤立波、内潮等。内波现象多发生于产生了稳定密度分层的海水内部。正如海水表面的波浪受月球引力、风影响一样，内波的形成也与扰动有关。内波流根据其扰动的不同，可大致分为两类，一种内波产生于内潮，这是因为内潮潮流流过海底颠簸的地形而产生的内波。另一个来源是惯性波，这是海洋对快速运动的风暴在海面驱动的水流做出反应而产生的。内波不同于表面波，它不仅可以进行水平方向传播，还可以垂直方向传播。

南海作为我国面积最大近海海域，蕴藏着丰富的自然资源，尤其是天然气、石油、可燃冰等资源储量丰厚。但与此同时南海由于其多变的气候及复杂崎岖的海底地形，也是全球海洋中内波最为活跃的海域。海底内波发生时，其内部水流急剧变化，水平方向根据深度分层会出现不同深度流向相反的现象，而且在垂直方向也会发生这种现象，类似于滚筒洗衣机的水流。

这种内波结构可以有效带动海水内部循环，但在垂直层面上会出现强大的剪切力，对潜艇、船舶、海上石油平台、海底石油管道等都有着较大的冲击及危害。为了规避内波造成的危害，指导海上生产施工，需要开发内波流实时监测预警系统。系统需达到的目标包括：

第一，对于海上内波现象进行实时的观测，及时发现海上内波。

第二，对于内波流进行具体分析，确定其波速、振幅大小、传播方向、危害等级等。

第三，及时发布预警信息，为施工人员提供数据参考。

二、内波观测机制分析

目前，海洋内波的观测方式主要分为海上观测平台现场实测与空间遥感卫星观测。前者通过在海上布放观测仪器，主要是由数字温盐深仪的温盐链，ADCP仪器组成。仪器通过测量内波流发生时等温面以及流速的变化来获取内波的数据。遥感卫星观测则是利用在内波流发生时海水表面出现幅散和幅聚现象，形成波纹结构。遥感卫星通过拍摄遥感图像可以清晰准确地发现内波，通过卫星遥感图像可以清晰地分辨内波流的波长、波间距以及传播速度等。

遥感卫星观测方式通过处理遥感图像数据来识别内波，处理过程需要较大的计算量，且耗费时间，并不适合用来实时观测预警。相对而言，通过海上观测平台获取内波流信息更加便捷有效，内波流发生时反映在观测仪器上的数值变化较为明显也利于观测。结合本课题搭建的海洋观测数据实时采集、卫星传输、数据库存储等功能也为内波流的实时观测提供了有力的数据支持。

三、预警功能设计与实现

（一）观测数据获取

进行预警分析的数据来源于数据服务器数据库中存储的海上锚系潜标观测到的数据。内波流实时监测预警系统根据时间周期循环连接访问数据库，并获取最新观测数据。设计通过 JDBC API 实现用户访问存储在 SQL 关系数据库中的数据。JDBC API 支持数据库访问的双层架构（C/S），同时也支持三层架构（B/S）。在（C/S）架构中，应用程序配置 JDBC 加载驱动程序，获取 SQL 数据库连接，连接成功后直接通过 SQL 指令完成数据库的增查补删，处理数据库指令后返回结果到应用程序完成数据库中数据获取。数据库建立在服务器中，用户通过网络连接访问数据库。服务器数据库作为服务器端，个人用户应用程序作为客户端，所以称之为 C/S 架构。

需要使用的数据主要来自三个不同的数据表中，其中原始数据表中的数据最完整，包含数据类型、采样时间等。具体观测仪器采集的数据按仪器类别又区分为两个数据表。在进行数据查询时，需要结合原始数据表与具体观测仪器表进行嵌套查询。

（二）数据可视化处理

海洋观测数据采集端搭建在锚系潜标中，潜标被固定在海中，并不会随海流移动，采集的数据是按照时间尺度排列的单点数据。采集周期统一为 3 分钟，根据这一特性，可以根据时间尺度上数据的变化来绘制图像，来进行内波流现象的观测。

MATLAB 作为强大的数值分析、算法开发及创建模型的工具，MATLAB 同样拥有强大的数据可视化功能，被广泛应用于海洋学科。系统通过 JAVA 调用 MATLAB 完成数据可视化处理。此功能的实现须利用 MATLAB 提供的 javabuilder 包，javabuilder 包提供了定义 Java 和 MATLAB 编程环境之间的数据转换规则的类。在 MATLAB 环境中，数组是所有数据类型的基本构件，有标量、向量、矩阵和多维数组，还有其他存储数值和非数值数据的方法，但通常最好将所有数据都看作一个数组。

MATLAB Compiler SDK 通过 javabuilder 包提供了一个到 MATLAB 数据类型的接口。在这个类层次结构的顶部是 MWArray，它是一个抽象类。MWArray 的具体子类表示一个或多个数据类型。MWArray 类有以下表示主要 MATLAB 类型的子类：MWNumericArray、MWLogicalArray、MWCharArray、MWCellArray、MWStructArray、MWFunctionHandle 和 MWJavaObjectRef。这些子类中的一个实例可以表示标量、向量或多维的底层 MATLAB 数据。具体方式是将编写好的数据可视化的 MATLAB 文件程序生成 jar 包，导入到 JAVA 程序中，将数据库查询的数据转化为多维数组，通过 MWArray 实例传入 MATLAB 程序中进行图像绘制，运行过程中并不需要打开 MATLAB 程序，仅需要安装有 MATLAB Runtime 便可以完成程序运行。需要注意的是在完成 JAVA 与 MATLAB 完成数据转化后要及时关闭 MWArray 以释放内存。

（三）内波流识别

内波流作为海洋中常见的自然现象，在内波流发生时会引起海洋水文数据的剧烈变化。内波流强大的力量在经过锚系潜标时，反映在观测数据上的变化是剧烈且迅速的。这种变化比较容易被捕捉到，因此也将其作为内波识别的依据。

在对实时观测系统 2019 年 4 月 18 日至 2019 年 5 月 18 日采集的实时观测数据进行处理分析后，可以看出内波流现象在当前海域十分频繁，发生时间周期相对固定，且在一个月的连续观测中可以发现，内波流受潮汐影响较大，在大潮期普遍发生频率高，内波强度大，如图 4-1 所示。

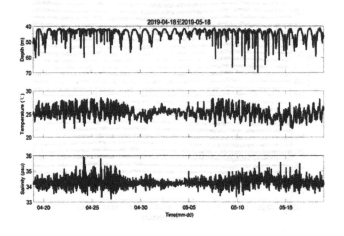

图 4-1 CTD 月数据变化图

以 2019 年 4 月 24 日一天的 CTD 数据绘制的图像（如图 4-2）为例，可以看到在凌晨 5 点处由于内波流经过，锚系潜标因为内波流的影响主浮体由 42 米深度拉至 60 米，温度及盐度也相应发生变化。虽然锚系潜标仅搭载了一台用于实时观测的 CTD 仪器，无法构建完整的温盐链用于分析内波流的具体分层信息，但就单一设备而言，在内波流经过当前观测区域时，在图像上的反映也十分明显。

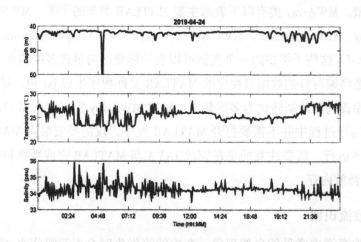

图 4-2 CTD 实时数据变化图

将 ADCP 仪器采集的数据根据深度变化绘制矢量图,则可以清晰地看到内波流的结构为水平涡旋形态,如图 4-3。

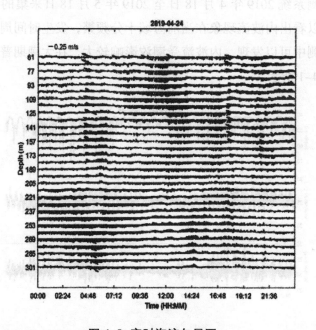

图 4-3 实时海流矢量图

ADCP 采集的数据格式为分层流速与流向数据,流向是以正北方向为基准,顺时针旋转为正的角度值,流速单位为 mm/s。ADCP 采集的海流数据仅有水平尺度,将海流矢量值按照东西方向与南北方向进行分解,并绘制图像。如图 4-4 所示,随着深度的变化,海流出现了流向相反的特征。结合 CTD 反映的仪器深度变化,温度盐度变化与 ADCP 流速流向随深度变化的特征,就可以对内波流发生与否进行判别。

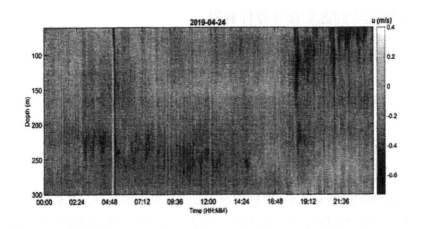

图 4-4 ADCP 实时流速图

（四）内波流信息提取及预警

当判断有内波流发生时，系统会提取当前时刻内波流、实测流与背景流的具体信息。主要是实测流分层流速与流向、内波流的分层流速与流向、背景流的分层流速与流向、内波流的发生时间、内波流最大流速、振幅以及根据流速计算出时间。其中实测流即是当前时刻实测数据；背景流则是综合内波发生之前的观测数据计算出的背景流；内波流则是实测流去除背景流后计算得出的。由于锚系潜标测得的数据为当前时刻内波流信息，在进行观测时，第一时间得出的内波流信息由于内波可能还未完全经过，对于内波尺度的判断并不准确，但系统会在第一时间进行内波流报警，而在判断内波经过后完善内波流的具体信息。

当系统检测到内波流发生时，会根据内波流尺度大小判定当前内波流是否会构成危害。当内波尺度较小并不能构成危害时不会进行报警。当判定内波流构成威胁时，便会根据其实测流的大小，振幅大小等进行预警等级分类并进行报警，预警等级根据可能造成的危害分为蓝色、黄色、橙色和红色四个级别。当内波流尺度到达蓝色等级及以上，系统会进行报警，并将内波流信息进行汇总，进行预警信息推送。

系统的预警推送功能包括内波报警和预警信息推送。内波报警是通过声音提示与界面显示来提醒观测人员内波发生。预警信息推送功能主要是将内波流具体信息推送至WEB 服务器的数据库中，为预警网站及预警移动端应用程序提供数据支持。WEB 服务器数据库选用非关系型的 MongoDB 数据库，内波信息包含数据类型较多，使用关系型数据库来存储，无疑增加了数据的复杂度。通过非关系型数据库将内波信息以数据集合进行存储，集合中包含所有内波信息。预警信息推送功能开发的目的在于提高海洋观测数据的安全性，如果所有用户都有权限直接访问数据服务器，对于数据安全性来说便存在巨大的漏洞。将内波信息或者二次处理后的结果数据进行单独存储，是保护珍贵的第一手资料的有效措施。

四、内波流实时监测预警软件开发

内波流实时监测预警系统界面利用模块化设计，主要由按钮模块、实时显示模块、内波报警模块、数据监测模块与图像显示模块组成。

实时显示模块目前主要是由施工现场的平面地形图以及各个施工点的相对位置与各个位置之间的方位与距离组成，方便观测人员确认潜标与施工现场相对位置。后期会在实时显示模块显示 GIS 地图，在地图上根据内波形态进行数据实时绘制，根据内波流实时运动方向在地图上进行动画显示。

数据监控模块由 JScrollPane 组件构成，支持数据滚动显示。数据监测模块用于监测数据库连接以及数据传输等软件内部运行情况。内波流实时监测预警系统通过实时连接数据库进行数据的获取，需要时刻监测数据库是否成功连接以及是否通过查询获取到实时数据，该界面还用来实时监测软件运行情况，可以将软件运行情况反馈到界面中，方便用户查看。数据监控模块还用来显示异常数据以及小尺度内波预警，当分层流速大于正常值时，系统就会把当前时间的流速异常信息推送至数据监测模块进行显示，流速变化是出现内波流的重要观测因素，通过对异常流速的观测也为内波流预警提供参考。

图像显示界面主要由六幅经由 MATLAB 绘制的实时数据图像组成，涵盖了温盐深仪数据、300kADCP 水文数据、75kADCP 水文数据，方便用户通过图像观测内波现象。绘制图像的实时显示由 repaint 重绘组件实现，根据实时数据采样周期，每 3 分钟调用程序进行图像重绘，绘制图像的包括两种类型：一种用于桌面系统日常显示，由于实时监测对于数据实效性要求较高，为了提高数据处理效率，绘制低精确度图像；另一种是为了日后具体研究内波流结构使用，每24小时绘制近一天的观测数据，并存储在数据服务器中，方便日后开发研究使用，绘制图像采用 tiff 高位彩色图像格式。两类图像均以时间周期为基准进行绘制，数字温盐深仪图像是根据压力（深度）、盐度、温度随时间变化数据绘制的折线图。折线图能够准确反映当前海域随时间变化的水文特征信息。ADCP 流速剖面图像反映了主浮体上层以及主浮体下层共计 60 层垂向共计 360 米的海水流速信息，根据 ADCP 采集数据 PD18 格式的规定，采集的水文信息仅包含水平尺度的流速及流向信息，为了方便观测，将流速矢量信息映射到东西方向以及南北方向，分别绘制图像。图像利用明暗对比色来反映不同深度情况下出现的流速大小及方向信息，方便观测且美观实用。

内波报警模块是内波流监测预警系统的核心，主要包括内波识别、内波信息的提取、预警信息的推送。内波识别通过对实时水文数据进行具体分析实现，主要通过深度变化、流速变化两方面综合分析是否有内波经过潜标。内波报警模块数据获取方式有别于图像绘制模块。图像绘制为了能够反映较长时间的水温要素变化率，每次绘制近 8 个小时的数据，而内波报警模块每次获取近 4 个小时的 CTD 数据，计算 4 个小时内仪器深度均值，并与最新时刻深度值进行比对，在内波经过时，会造成潜标的偏移，造成深度的变化。同样，在内波经过时，海水的流速也会发生变化，尤其在上层海水中会出现流速的突然增大，并随着深度变深出现流速反向变化。内波识别需要结合水深变化以及流速变化综合分析，在流速信息提取过程中需要对系统采样时间进行比对处理，因为在数据传输过程中难免出现丢包情况，这样会导致 CTD 与 ADCP 采样时间无法匹配。比对完成后选取当前采样时刻的深度信息，截取 300kADCP 据离海面 4 米以下的海流信息进行处理，以规避声学仪器在海面处测量流速出现的数值叠加现象。通过对两种观测仪器的实时采集数据分析，在同时出现深度变化以及海流变化的情况下，就可以判断出现内波流现象，接下来便对内波流进行具体信息提取。

内波流的具体信息包含内波振幅、内波流速、内波到达作业面时间、预警等级这些信息。内波信息的提取首先要去除背景流的干扰信息，背景流选取内波发生前 2 个小时的分层流速均值。将实测流减去背景流，得到内波流的实测数据。内波流信息的提取根据内波研究中广泛应用的 KDV 方程实现：

$$\frac{\partial \eta}{\partial t} + c\frac{\partial \eta}{\partial x} + \alpha\eta\frac{\partial \eta}{\partial x} + \beta\frac{\partial^3 \eta}{\partial x^3} = 0 \tag{4-1}$$

其中，$\eta(x,t)$ 为垂向位移，x 为水平坐标，t 为时间，c 为线性相速度，a 为非线性系数，β 为频散系数，方程（4-1）有如下形式的解：

$$\eta = \eta_0 \text{sech}^2\left[\frac{x - Vt}{\Delta}\right] \tag{4-2}$$

其中，内波的速度 V 与半波宽度 $\triangle$ 分别为：

$$V = c + \frac{\alpha\eta_0}{3} \tag{4-3}$$

$$\Delta = \left(\frac{12\beta}{\alpha\eta_0}\right)^{\frac{1}{2}} \tag{4-4}$$

采用双层海洋模型，其参数表达式可以转化为：

$$c = \left[\frac{g(\rho_2 - \rho_1)h_2 h_1}{\rho_2 h_1 + \rho_1 h_2}\right]^{\frac{1}{2}} \tag{4-5}$$

$$\alpha = \frac{3}{2}\frac{c}{h_1 h_2}\frac{\rho_2 h_1^2 - \rho_1 h_2^2}{\rho_2 h_1 + \rho_1 h_2} \tag{4-6}$$

$$\beta = \frac{ch_1 h_2}{6}\frac{\rho_1 h_1 + \rho_2 h_2}{\rho_2 h_1 + \rho_1 h_2} \tag{4-7}$$

其中，$h_1 h_2$ 均为上下两层流体的厚度，$\rho_1 \rho_2$ 为上下两层流体的密度，由于实时传输数据量的限制，无法构建完整的温盐链，导致流体参数只有一层，只能使用不同时间相同深度下的密度来近似表达。求得具体内波流速后，结合内波流速方向与作业面位置信息，计算得出内波到达时间，并在内波流到达之前，拉响警报，提示观测人员有内波发生。

内波信息提取，在系统监测到内波发生后，会将当前时刻的实测流详细信息、4 小时内的背景流信息、计算得出的内波振幅、最大流速、到达时间、预警等级信息做单独存储。在成功连接作为 WEB 后端的 MongoDB 数据库后，将内波信息推送至数据库。

按钮模块主要由开始、关闭按钮组成，软件打开后，通过启动连接按钮，开始获取数据库内数据，观测结束后，关闭远程连接，按断开连接服务器按钮，关闭软件即可。

五、软件运行流程

程序打开后，主界面自动打开显示，程序内部等待启动，按下连接远程数据库按钮，软件开始工作，主线程连接 SQL 数据库，连接成功后在数据监控界面提示连接成功，软件的主要功能分为 3 个子线程进行，数据可视化线程每 3 分钟获取一次数据库内近 8 个小时观测数据，将数据转换后通过 MATLAB 进行绘制，并将图像进行实时显示。内波识别线程每 3 分钟获取近 4 小时内数据进行分析计算，当发现需要预警的内波信息后，计算提取内波信息，在内波预警界面进行具体信息的显示，并打开声音报警。同时开启预警信息推送线程，连接远程 WEB 服务器中 MongoDB 数据库，完成内波流数据的插入。在不按下断开服务器按钮前，软件会根据时间周期循环执行，当按下断开按钮时，断开与 SQL 数据库的连接，关闭软件界面。

内波流作为海上常见的自然灾害，对其现象的观测与及时的预警对海上生产生活有着极大的指导作用。本文在获取的实时观测数据的基础上，结合海洋内波流的现象，设计并实现了对海洋内波流现象的实时观测预警，信息推送系统。内波流实时监测预警为海洋观测数据实时推送功能做出探索，在保证数据安全性与数据处理模式方向提出解决方案，也为后期多种基于海洋观测数据的处理方法提供借鉴。

第五章 基于大数据技术的海洋传感与探测技术

第一节 海洋传感基本原理与方法

一、传感基本原理

传感器是指能感受规定的被测量信息并按照一定的规律转换成可用信号的器件或装置。传感器是一种检测装置，能感受到被测量的信息如压力、位移、振动、温度、声音、光强等，并能将检测感受到的信息，按一定规律变换为电信号或其他所需形式的信息输出，以满足信息的传输、处理、存储、显示、记录和控制等要求，它是实现自动检测和自动控制的首要环节。

传感器的输出电信号有两种，一种是连续变化的信号，我们称之为模拟量。如光电二极管输出的电流随光照强度大小而变化就是一种连续变化的物理量。另外一种是开关信号，为"有"和"无"两种状态的数字量，通常用"1"表示"有"，用"0"表示"无"，如干簧继电器的"通"与"断"。

简单地说，传感器是将外界信号转换为电信号的装置，所以它由敏感元器件（感知元件）和转换器件两部分组成。敏感元器件品种繁多，就其感知外界信息的原理来讲，可分为：①物理类，基于力、热、光、电、磁和声等物理效应；②化学类，基于化学反应的原理；③生物类，基于酶、抗体和激素等分子识别功能。通常据其基本感知功能可分为热敏元件、光敏元件、气敏元件、力敏元件、磁敏元件、湿敏元件、声敏元件、放射线敏感元件、色敏元件和味敏元件等 10 大类。

相对于传统的传感器应用，海洋领域的传感器由于使用环境特殊和检测对象的不同而与陆上应用的传感器及传感方法有所不同，但基本原理仍然一致：

海洋领域的检测要素主要包含：①物理海洋信息；②海洋地质信息；③海洋地球物理信息；④海洋化学成分；⑤海洋生物信息；⑥水下声学探测信息等。针对这些检测要素所需用到的传感器五花八门，千变万化，形成了多种类别：譬如基于声学传感技术的方法、基于光学传感技术的方法和基于电磁传感技术的方法等。

二、水声传感技术

（一）概述

声波是人类迄今已知可以在海水中远程传播的能量形式。声波探测在海洋探测海底信息获取中具有举足轻重的作用。

如前文所述，水声学作为声学的一个分支，主要研究声波在水下的产生、辐射、传播和接收的理论，用以解决与水下目标探测、识别以及信息传输过程有关的声学问题。在海洋军事中，声呐是海上作战个体（各种舰、艇）的五官，所有的水下战场侦察都要以声呐为手段，缺之不可。水声换能器作为声呐系统的重要部件之一，是水声学的一个重要方向，新型水声换能器的研究是声呐技术发展的一个关键内容。水声换能器是水下各种发射、接收测量用传感器的总称，它将水下的声信号转换成电信号（接收换能器），或将电信号转换成水下的声信号（发射换能器），是声呐的重要组成部分。一部传感器声呐性能的优劣与水声换能器性能的优劣直接相关。在水声工程中，换能器技术处于一个基础性的地位，换能器技术的进步可带动声呐系统技术水平的提高。

在水声领域，换能器就是一种声学传感器，接收换能器主要包括标量传感器和矢量传感器，也叫标量水听器和矢量水听器。在声场测量中，传统的方法是采用标量水听器。矢量水听器可测量声场中的矢量参数，它的应用有助于获得声场的矢量信息，对声呐设备的功能扩展具有极为关键的意义。在连续介质中，任意一点附近的运动状态可用压强、密度及介质运动速度表述。在声场中的不同地点，这些物理量有不同的值，具有空变性；对同一空间坐标点，这些量随时间改变，又具有时变性。同时测量标量信息和矢量信息可获得完整的声场信息，通过获得的声场信息可以提炼出有价值的信息。从能量检测的角度讲，矢量水听器的采用使系统的抗各向同性噪声的能力获得提高，并可实现远场多目标的识别等。因此，包括矢量信息在内的多信息检测的声呐系统备受重视。

光纤水听传感技术是伴随着光纤技术和光纤通信技术的发展而产生的一种传感技术。早在20世纪60年代中期，就出现了第一个关于光纤传感器的专利。自此以来至今几十年，光纤传感技术成为令当今世人瞩目的迅猛发展的高新技术之一，也是当代科学技术发展的一个重要标志。光纤传感器的种类有很多，但按照工作原理分为功能型（传感型）光纤传感器和非功能型（传光型）光纤传感器。功能型是利用光纤本身的某种敏感特性或功能，直接接收外界作用引起光纤长度、折射率、直径变化进而使得纤内传输的光在振幅、相位、频率、偏振等方面发生变化的被测量制成的传感器。非功能型是指光纤起传输光波的作用，与光纤端部或中间加装的其他敏感元件构成的传感器。光纤传感器可利用干涉等技术实现微弧度级的相位变化。通过合理地增加利用长度或敏感元件的某些参数，可获得更高的灵敏度。光纤传感器因具有极高的灵敏度、灵敏度不受水流静压力和频率的影响、足够大的动态范围、可以进行远距离测量、本质的抗电磁干扰能力、无阻抗匹配要求、系统"湿端"质量轻、结构的任意性、方便构成大规模阵列等优势，以应付来自潜艇静噪技术不断提高的挑战，适应各发达国家反潜战略的要求，被视为国防技术重点开发项目之一。

（二）水声换能器

按照不同的机电能量转换原理分类，水声换能器可以分为电动式、电磁式、磁致伸缩式、静电式、压电式和电致伸缩式等。如20世纪中叶开发的压电陶瓷是经过高压直流极化处理之后才具有压电性的，因此，被称作电致伸缩材料，是当今压电换能器的主流，尤其在超声换能器领域有极其广泛的使用价值。

水声换能器按照振动模式可分为以下六类。

1. 纵向振动换能器

其振动方向与长度方向平行。在换能器的长度方向传播应力波，它的谐振基频取决于长度，是声呐系统中使用最广泛的类型。

2. 圆柱形换能器

采用压电陶瓷圆管（或圆环），通过合适的机械结构，安装成所需的长度，它可以做成水平无指向性、垂直指向性可控的宽带换能器，是声呐系统中仅次于纵向换能器的一种类型，此外它还是水声计量中惯用的标准水听器和标准发射器的选型之一。

3. 弯曲振动换能器

弯曲振动换能器具有低频下尺寸小、重量轻的优点（与相同频率下、同一种有源材料的换能器相比较），其振动形式有弯曲梁、弯曲圆盘、弯曲板等。

4. 弯曲伸张换能器

弯曲伸张换能器一般是用两种振动模式组合起来的复合换能器。例如，用纵向伸缩振动棒与不同形式的弯曲壳体组合成多种形式的弯曲伸张换能器，也可以用圆形平面径向振动有源元件与碗形弯曲壳体组合成Ⅱ型弯曲伸张换能器。

5. 球形换能器

利用空心压电陶瓷球壳的呼吸振动做成的球形换能器具有空间对称性好的优点。普遍用作点源水听器。

6. 剪切振动换能器

振动方向和极化方向相平行而驱动电场的方向和振动方向相垂直的剪切振动可以满足某种特殊使用要求，如去除牙结石的换能器就是这种形式。

（三）光纤水听器

水声传感器简称水听器。光纤水听器即用于检测水声的光纤传感器，按其原理可分为如下几种：调相型（干涉型）光纤水听器、调幅型（强度型）光纤水听器、偏振型（光纤光栅型）光纤水听器等。

（四）水声传感器应用

水声传感器在海洋军事、资源勘探、科学研究上均具有重要作用，以光纤传感器为例说明。

1. 军事上的应用

光纤水听器技术的研究在 20 世纪 80 年代初已引起各国的高度重视，其军事应用主要为全光纤水听器拖曳阵列、全光纤海底声监视系统、全光纤轻型潜艇和水面舰船、共形水听器阵列、超低频光纤梯度水听器、海洋环境噪声及安静型和潜艇噪声测量等。

根据光纤水听器的特点，由光纤水听器构成的声呐系统可以应用于岸基警戒系统，也可以应用于潜艇或水面舰艇的拖曳系统。美国对光纤水听器的研究始于 20 世纪 70 年代末，目前正在开发大规模（几百个单元）的全光纤水听器阵列系统及其相关技术。英国对水听器的研究主要由 Plessey 国防研究分公司、海军系统分公司和马可尼水下系统有限公司承担，开发了全光纤水听器拖曳阵列、海底声监视系统等各种不同反潜应用的海试系统。2002 年，欧盟部分国家也开始了全光纤水听器拖曳阵列及其海试系统的研制。目前，我国正在大规模研发最新技术水声传感器并用于军事上。

2. 资源勘探

水听器在石油、天然气等资源勘探中的重要性不亚于军事应用，用光纤水听器采集地震波信号，经过信号处理可以得到被测区域的资源分布信息。用于海洋勘探时，光纤水听器可以布放在海底。在海底石油勘探中，水听器都是成排列海底电缆（OBC）使用的，若采用光纤光栅传感器，因采用光路传输，不必考虑线路对信号的衰减，不必考虑密封问题。另外，光纤对海水的腐蚀也具有良好的抵抗能力，故光纤光栅传感器非常适合海洋石油勘探，光纤布拉格光栅传感器在海洋油气资源勘探领域展示了良好的应用前景，例如利通公司生产的基于光纤水听器的钻孔成像系统，可以用于勘探地下石油或天然气储备，该系统可以用于陆地或海洋。

3. 水声物理研究等其他应用

水听器用于水声物理研究，以研究海洋环境中的声传播、海洋噪声、混响、海底声学特性以及目标声学特性等。水听器也可以制作鱼探仪，用于海洋捕捞等作业。由水听器构成的水下声系统，还可以通过记录海洋生物发出的声音，以研究海洋生物以及实现对海洋环境的监测等。

三、水下光学传感技术

光在水介质和空气介质中的传输有着较大的差异，介质密度对光的吸收和散射有着很大的影响，空气的密度小，因而对光的吸收和散射相对较小，水的密度为空气的800多倍，对可见光有着严重的吸收和散射作用。水对光波的散射和吸收可造成光在水中的衰减，即使是在最纯净的水中，水对光也有着严重的衰减作用，且是按指数规律迅速衰减。因此，水下光学成像技术面对的问题十分严酷，其总效果是使目标对比度下降，分辨率降低，从而视程受到限制。水下光学应用相对较少，主要是光学成像和光谱分析技术。

（一）摄影及摄像技术

20世纪60年代，早期水下光学成像系统的常见形式是简单地将通常的成像系统进行密封处理后在水下使用。例如，水下摄像机、水下监控设备、水下摄像箱等，它们通常采用白光光源照明，一般由摄像主体和控制器组成，可以控制摄像系统的方向和聚焦等参数。这些简单的水下成像设备在较清澈的水体中、在面积不大的范围内，可以获得质量较好的图像和动态影像。

随着小型电视摄像机的出现，可进行图像实时传输与记录，遂使卤化银乳胶摄影技术退居二线。图像实时传输有利水下作业，同时摄影胶片虽然分辨率高，但在水下视程超过10米时，由于水体对光的散射作用使胶片的高分辨率不可能得到充分发挥，丧失了其主要优点。

（二）水下电子静物摄像机的兴起

利用半导体电荷耦合器件制成的所谓"静物摄像机"，在获得实时、高质量图像方面代表一种重要进展。美国伍兹霍尔海洋研究所（Woods Hole Oceanographic Institution. WHOI）研制了这种适于水下使用的样机，并于1987年4月安装在Argo潜水器上进行了实验。CCD器件芯片有584×390像元，蓝绿光谱灵敏度良好，三级温差制冷器使芯片温度达 -50℃，用4个闪光灯照明，每个闪光灯功率150～200W。在水深1500～1600米离海床25米高度上，在慢扫描工作方式下摄取的图像比SIT电视摄像机还好得多，有较高的分辨率及对比度。在图像质量差不多的情况下，比摄影胶片相机的视程高出一倍。

前述SIT摄像管及CCD相机的探测灵敏度已经相当高，但并不能相应提高视程。1963年，人们发现海水对0.47～0.58μm波段内的蓝绿光的衰减比对其他光波段的衰减要小很多，证实在海洋中亦存在一个类似于大气中存在的透光窗口。并且，激光具有窄的波束宽度及高的功率密度，因此，激光器也开始被应用于水下成像系统。

（三）偏振成像技术的利用

偏振成像技术是利用物体的反射光和后向散射光的偏振特性的不同来改善成像的分

辨率。根据散射理论,物体反射光的退偏度大于水中粒子散射光的退偏度。如果激光器发出水平偏振光,当探测器前面的线偏振器为水平偏振方向时,物体反射光能量和散射光能量大约相等,对比度最小,图像模糊;当线偏振器的偏振方向与光源的偏振方向垂直时,则接收到的物体反射光的能屈远大于光源的散射光能量,对比度最大,图像清晰。其主要缺点是反射光通过偏振片时,反射光的能量被减小。

(四)体元扫描成像

体元扫描成像这一成像技术也称同步扫描成像。它是利用激光的窄光束与窄视场接收器在目标区交会,交会体元目标进行同步扫描,由于瞬时视场很小,所以光源与接收器必须在扫描角度上同步。这种系统的优点是大大降低了后向散射的影响,并且只需要一台激光器及一个接收器进行大视场成像。在扫描方式上一般也有两种。一种是点状体元做横向扫描,再利用潜水器的前向运动做纵向扫描,如同现有航空地物光谱辐射计的工作方式;另一种则采用扇形光束扫描系统做光栅式扫描。

(五)水下距离选通激光成像

水下距离选通技术使用脉冲激光器和选通 CCD 相机,具体过程为:激光器发射很强的短脉冲,脉冲激光传输到目标上,对目标进行照射,由目标反射的激光返回到相机,当激光脉冲处于往返途中时,CCD 相机选通门关闭。只有当某一距离上的目标反射光到达接收器的瞬间,接收器才打开选通门,让反射光进入接收器。这样形成的目标图像主要与距离选通时间内的反射光有关。结果,只有处在与快门打开的那段时间所相当的光传播的距离上的物体,其反射光才能使摄影机成像,而所有比这距离近或远的物体,它们的反射光都被快门挡住。

在观察远距离目标时距离选通技术可消除大部分后向散射光的影响,后向散射光已不是限制因素,增加激光功率和改进激光接收器的灵敏度,就能增加观察距离。其缺点是使用全视场接收,使得非目标区域的后向散射光、背景光等也进入了接收器,带来了许多额外噪声,降低了信噪比。但其具有技术成熟和成本低的优点。

(六)条纹管水下激光三维成像技术

水下激光三维成像技术是一种新型技术,使用脉冲激光,接收装置是时间分辨条纹管发射器发射一个偏离轴线的扇形光束,然后成像在条纹管的狭缝光电阴极上,用平行板电极对从光电阴极逸出的光电子进行加速、聚焦和偏转,同时垂直于扇形光束方向有一个扫描电压能够实时控制光束偏转,这样就能得到每个激光脉冲的距离和方位图像。采用 GCD 技术可对距离和方位图进行存储,其主要特点是:具有提供完善的三维信息能力。

（七）拉曼光谱技术

光谱类化学传感器可实现对深海目标物的原位、实时、连续、无接触测试，并且同时获得多种物质成分的信息，近年来成为深海原位探测化学传感器发展热点。拉曼光谱技术适用于海底热液喷口、冷泉区等极端环境下甲烷、硫化物的探测及孔隙水化学分析。美国蒙特利湾海洋研究所成功研制了深海激光拉曼光谱系统 DORISS，并致力于深海天然气水合物研究。主要用于浅海水中多环芳烃检测的拉曼光谱系统也已开发出来。

四、水下电磁传感技术

电磁感应是指因为磁通量变化产生感应电动势的现象。基于电磁感应的电磁传感技术在电工、电子技术、电气化、自动化方面的广泛应用对推动社会生产力和科学技术的发展发挥了重要的作用。

水下电磁传感原理与陆地上电磁传感技术基本一样，是因磁通量变化产生感应电动势的现象。但是基于电磁感应原理的水下电磁传感器要比陆地上的电磁传感器要求更高，因为水下高压、低温、腐蚀性大等特殊条件都会影响电磁传感器的工作。

目前应用比较多的水下电磁传感技术有：海洋磁力仪、电磁海流计、感应式电导率（盐度）传感器、电磁耦合器等。

（一）海洋磁力仪

磁法勘测在海洋地理调查中起着至关重要的作用，磁力仪是测量磁场强度的仪器的统称，是测量地球磁力场强度的一款精度很高的测量设备。测量地磁场强度的磁力仪可分为绝对磁力仪和相对磁力仪两类。主要用途是进行磁异常数据采集以及测定岩石磁参数，从20世纪至今，磁力仪经历了从简单到复杂，从机械原理到现代电子技术的发展过程。该仪器已广泛用于港口、航道、锚地等对泥下障碍物、管道探测及海缆路由调查、重要工程水域磁场测量等海洋工程开发中以及在海上和江河中实施探测与定位、打捞作业。

GB-6 型海洋光泵磁探仪是一种原子磁力仪，是一种高精度磁异常探测器，该仪器具有数字化、模块化、小型化和系统集成特点，可广泛用于航空及海洋地球物理勘探。

（二）电磁海流计

电磁海流计是一个环形圈电流在传感头周围产生一个磁场，流动的水体作为运动导体切割磁力线，根据法拉第电磁感应定律，在磁场中运动的导体产生动生电动势，根据电势和水流速度的比例关系得到水流的相关数据。

海流测量是海洋调查中的一项重要工作。电磁海流计作为应用于海洋调查和研究中的重要仪器已有多年的历史。与传统的机械转子式海流计相比较，它具有无机械磨损部件、使用寿命长、采样方式灵活和启动流速低等优点。由于电磁海流计采用平均的测量方法，在受风浪影响较大的表层海流的测量中和垂直流的测量中具有非常明显的优势。

（三）感应式电导率传感器

电导率传感器，是在实验室、工业生产和探测领域里被用来测量超纯水、纯水、饮用水、污水等各种溶液的电导性或水标本整体离子浓度的传感器。

电导率传感器技术是一个非常重要的工程技术研究领域，用于对液体的电导率进行测量，被广泛应用于人类生产生活中，成为电力、化工、环保、食品、半导体工业、海洋研究开发等工业生产与技术开发中必不可少的一种检测与监测装置。

电导率传感器根据测量原理与方法的不同，可以分为电极式电导率传感器、电磁感应式电导率传感器以及超声波电导率传感器。电极式电导率传感器根据电解导电原理采用电阻测量法，对电导率实现测量，其电导测量电极在测量过程中表现为一个复杂的电化学系统；电磁感应式电导率传感器依据电磁感应原理实现对液体电导率的测量；超声波电导率传感器根据超声波在液体中变化对电导率进行测量。前两种传感器应用最为广泛。

由于深海海底的高压环境，设计耐高压的电导率（盐度）传感器是研制深海水文测量系统的关键技术之一。目前我国大部分现场剖面仪的电导率的测量都是采用的电磁感应式电导率传感器。其制作容易、抗污染性能好，尤其适用于浅海及河口区域。

第二节　海洋探测基本原理与方法

一、海洋物理探测技术

（一）温盐深测量系统

海水的温度、盐度和深度是海洋物理要素中最基本的测量要素，也是最常见的测量要素，因此测量温度、盐度和深度的测量技术是研究海洋和应用海洋最基本的一项技术。温盐深测量技术就是用来测量海水的电导率（Conductivity）、温度（Temperature）随深度（Depth）的变化。海水的电导率 C 与一定的海水电阻有关，可以通过流过电导率传感器的电阻随海洋环境的变化来提取，温度 T 则是通过热敏电阻来反映海水温度，而深度 D 一般通过压力测量，根据数学关系进行换算得到。CTD 测量装置能够快速获取不同深度海域的温度和电导率剖面数据，并计算出盐度、密度、声速等剖面资料，这些资料对于海洋科学研究、海洋经济与国防建设等诸多方面都具有极其重要的价值。特别是在军事上，温盐剖面资料的快速获取，对于潜艇的航行安全、隐蔽、通信、攻击及舰艇和飞机的探潜和反潜行动有非常重要的意义。由于 CTD 测量装置具有快速、实时、大面积、低成本和高精度测量的特点，因此自问世以来就受到海洋学家尤其是军方的高度重视，并得到了快速发展。

1. 温度测量

目前，水下温度传感器广泛采用的是热电偶、热敏电阻或者电阻热电偶具有结构简单、制造方便、测量范围广、精度高、惯性小和输出信号便于远距离传输等许多优点。另外，由于热电偶是一种有源传感器，测量时不需外加电源，使用十分方便。热敏电阻的阻值较大，灵敏度高，温度的传输函数为指数特性，易于制作，一般为珠状或片状，稳定度达到 $0.001℃/a$，响应时间 60ms。铂电阻最大特点是温度的传输函数是线性，铂的性能稳定。缺点是同样尺寸的铂电阻阻值比热敏电阻小，热度和稳定性两者相差无几。

2. 盐度测量

绝对盐度是指海水中溶解物质质量与海水质量比值。因绝对盐度不能直接测量，所以，随着盐度的测定方法的变化和改进，在实际应用中引入了相应的盐度定义，现在常用于测量盐度的方法是通过测量电导率换算成盐度的方法。

常见电导率测量传感器分为两类：电极式电导率传感器和电磁感应式电导率传感器，电极式测量精确度高，抗干扰能力强，但是时间常数大，易污染，清洗复杂。电磁感应式坚固稳定，响应速度快，易清洗，但是易受电磁干扰，精度不高。电磁感应式电导率传感器在海水中的部分区域形成的封闭回路中，产生一个感应电流，通过测量电流的大小得到海水的电导率。

3. 深度测量

在载人深潜器中，海水深度测量系统可以帮助潜水员实时了解当前下潜深度，是潜水员生命支持系统的重要组成部分。测量深度的装置都是依靠压力传感器，常用的压力传感器多半为应变式传感器和硅阻传感器。

（二）海流测量系统

海流测量包括流速和流向测量。单位时间内海水水体流动的距离称为流速，水体移动的方向称为流向，正北为 0°，顺时针旋转，正东为 90°。常用的海流测量设备分为海流计和海流剖面仪两类。

海流计只能对海洋中的某一点位置的海流进行长期连续观察，如果要对从海面到海底所有剖面的海流进行精细测量，则需要将很多海流计悬挂在一个锚定浮标或潜标上同时进行，从而导致整个海上测量设备的工程造价非常高，海上作业的难度也很大。声学多普勒流速剖面仪（Acoustic Doppler Current Profilers，ADCP）采用斜正交布阵（JANUS）结构，用声波对仪器下方几百米范围内的海流剖面进行遥测，从而为实现海流剖面长期连续测量和船载走航测量提供了一种有效途径。

声学多普勒流速剖面仪是 20 世纪 80 年代初发展起来的一种新型测流设备。它利用多普勒效应原理进行流速测量。ADCP 用声波换能器作为传感器，换能器发射声脉冲波，声脉冲波通过水体中不均匀分布的泥沙颗粒、浮游生物等反散射体反散射，由换能器接收信号，经测定多普勒频移而测算出流速。ADCP 具有能直接测出断面的流速剖面、不扰动流场、测验历时短、测速范围大等优点，目前被广泛用于海洋、河口的流场结构调查、流速和流量测验等。

二、海洋化学探测技术

海洋化学要素的探测是海洋科学研究最基本的活动之一。海洋化学研究各种元素及化合物在海洋中的迁徙和变化规律，它需要大量有关海水、底质和大气的化学组成及形态的数据；海水中营养盐类的分布和变化与海洋生物生产力有着极其密切的关系；海洋环境科学需要探测污染物进入海洋的途径，污染物在海洋中的分布这些都与海水的盐度及某些化学成分的含量有密切关系。

海水的含盐量一般为 32‰ ~ 37‰，主要由 Na^+、Mg^{2+}、Ca^{2+}、K^+、Sr^{2+}、Cl^-、SO_4^{2-}、HCO_3^-、Br^-、F^- 及 H_3BO_3 等物质组成，这 11 种化学成分的总含量占含盐量的 99.8% ~ 99.9%，是海水的主要成分。同时，海水中也还有很多其他营养要素，包括氮（NH_4^+、NO_3^-、NO_2^-）、磷、硅、铁、铜、锰等的盐类，这些化合物是生物新陈代谢过程不可缺少的盐类，故有"营养盐"之称。它们的含量对生物的生活过程有很大的影响。测定其在海水中的含量变化，对研究海洋生物生产力及生物的分布规律有很重要的意义。除此之外，海水中还有含量相对较少的元素，称为微量元素，这些元素仅占总盐量的 0.1% 左右，种类却相当繁多。目前对海水中微量元素包括镉、锌、铜、铅、铬、铍等的，主要通过采集水样后在实验室中用原子吸收光谱，发射光谱、极谱和活化分析，现场连续检测或遥测较少，有待发展。除了这些元素之外，海水中还溶解有一定的气体和有机物，海水中的气体包括氮气、氧气、二氧化碳、氢气等，也有氦、氩、氖、氙等稀有气体，这些气体在海水中的含量随温度、深度、盐度、海流运动等因素的变化而变化。上述气体在海水中的含量，特别是氧气的含量——溶解氧对海洋生物的新陈代谢有很大的影响，是海洋化学检测的重要项目之一。

海水化学要素的检测方法主要有以下几种：

（一）分光光度法

分光光度法具有仪器简单、实验费用少、精密度高等优点，在水环境监测分析领域具有较大的推广应用价值，是目前水环境监测中使用最多的仪器分析方法之一。但分光光度法也存在一些缺点：①操作步骤冗长、烦琐，耗时且需要较多的化学试剂和样品，不能满足现场快速测定，难以对水体进行实时监测，无法胜任突发性污染事故的现场测定要求；②基体干扰严重，灵敏度低，不能满足低含量磷酸盐的测定等。

海洋环境分析的对象是广阔的海域，样品的种类很多，如海水、微表层海水、间隙水等，且海水中有大量盐类存在，不易得到可靠的结果，所以灵敏度足够高的海水磷酸盐直接测定法不多。鉴于此，不少学者对其进行改进，以期获得灵敏度更高和分析时间更短的分析方法，主要从以下三方面进行改进：①优化使用的化学物质；②采用预富集方法，如用液－液萃取、固相萃取、浊点萃取、悬滴微萃取、$Mg(OH)_2$ 共沉淀法等；③使用更灵敏的检测方法，如使用电化学发光检测法、化学发光检测法、荧光检测法、液芯波导毛细管流通池检测法。

（二）色谱法

色谱技术对复杂混合物具有强大的分离分析功能，它是基于混合物中各组分对两相亲和力的差别进行分离的。当两相做相对移动时，各物质在两相之间进行反复多次的分配平衡，从而使各组分得到分离色谱法具有分离效率高、分析速度快、应用范围广、样品用量少而且灵敏度高、分离和测定一次完成、易于自动化等优点。色谱法在海水中磷酸盐测定上的应用，能够有效地减少干扰物质的影响。

（三）电化学法

海洋环境研究的发展趋势是现场获取数据，以避免长途运输和长期储存带来的样品玷污和变质等问题。电化学分析法仪器简单，操作简易快速，便于与自动化技术联用实现在线分析和生产自动控制，易于微型化，具有选择性好、灵敏度高、响应快及测量范围宽等特点。测定受硅酸盐、砷酸盐等离子干扰小，不受试液颜色、浊度等的影响，而且在高盐度水体中不受光分散行为的干扰，特别适于水质连续自动监测和现场快速分析，因此受到广泛关注。

用电化学分析法测定磷酸盐已有不少文献报道，所使用的电极有碳糊电极、钴棒电极、玻碳电极、PVC膜电极、非均相膜电极、铅离子选择性电极以及生物传感器等，其中碳糊电极和化学修饰电极因其容易制备和再生、响应信号稳定、欧姆电阻低，在阴离子、阳离子、有机和药物分子测定中应用广泛。

（四）库伦法

库伦法是通过测量待分析物质定量地进行某一电极反应，或测量它与某一电极反应产物定量地进行化学反应过程中所消耗的电量（库伦数）来进行定量分析的方法。在电极上析出一化学当量的任何物质所需的电量都相等，数值为 96 487 C。

库伦法主要包括库伦滴定、定电极电解库伦法。库伦法是一种绝对分析方法，不需要标准溶液，其准确度高，适合作微量分析，也适用于连续和自动化分析。库伦法在环境化学要素的测定中有广泛的应用，已有很多专门的仪器，用于测量 SO_2、H_2S、BOD、

COD 等项目。以 SO_2 为例简单说明其原理：测定 SO_2 采用动态恒电流库伦滴定原理，库伦池由铂阳极、铂阴极和活性炭参比电极组成，电解液为 KBr-KI 溶液，并用磷酸盐缓冲，恒流源供电给样机，结果电解液中的 I⁻ 离子被氧化为 I_2，单只 I_2 被带到阴极时又被还原成 I⁻ 离子，若池内没有其他反应，在 I_2 浓度到达平衡时，阳极的氧化速度与阴极的还原速度相等，阴阳极电流也相等，此时参比电极无电流输出。如进入库伦池的样品中含 SO_2，则有如下反应：

$$SO_2 + I_2 + 2H_2O \rightarrow SO_4^{2-} + 2I^- + 4H^+$$

此反应是定量进行的，反应结果是 I_2 浓度下降阴极电流减少，减少部分由参比电极补充，样品中的 SO_2 越多，消耗的 I_2 越多，阴极电流相应减少，而参比电流却相应增加，此增加量与样品中 SO_2 的量成正比，用放大参比电流放大并显示，就可得知 SO_2 的量。

三、海洋生物探测技术

海洋生物是海洋有机物质的生产者，广泛参与海洋中的物质循环和能量交换，对其他海洋环境要素有着主要的影响。海洋生物调查的主要目的是为海洋生物资源的合理开发利用、海洋环境保护、国防及海上工程设施和科学研究等提供基本数据。海洋生物类群多种多样，对海洋生物类群调查一般包含以下部分：初级生产者、海洋微生物、浮游生物、底栖生物、潮间带生物、污损生物、游泳生物等。针对不同的海洋生物类群有着不同的测量方法。

（一）初级生产者的检测方法

初级生产者主要是指能利用二氧化碳、水和营养物质，通过光合作用固定太阳能，合成有机物质的绿色浮游植物。海洋中的初级生产者的含量测定一般用测量叶绿素浓度这一指标。叶绿素浓度一般由叶绿素传感器测量。传感器采用荧光法对水中的叶绿素浓度进行测量，根据叶绿素的光谱吸收特征，通过高能 LED 光源照射水体激发水体中的叶绿素产生特定波长的荧光，测量水中叶绿素浓度。

随着技术的进步，目前也可以应用海洋激光雷达对海洋浅水层的初级生产者含量进行监测。基于激光诱导荧光（LIF）效应，海洋激光荧光雷达通过向水体发射紫外或可见光波段的短波长激光脉冲，并接收不同荧光活性粒子反射的荧光信号，并通过荧光信号的强度、荧光峰位、荧光寿命以及荧光偏振特性反演水体中荧光物质的种类和浓度，继而实现对浮游植物、CDOM、叶绿素浓度等的遥感探测。利用荧光激光雷达对海洋中的叶绿素等有机组分进行探测，不需要取样，也不需要水下仪器的现场布放，操作简单方便，对于海洋生物光学探测具有很大的便利性。荧光激光雷达是海洋荧光测量的理想仪器。

（二）海洋生物测量方法

海洋生物的测量方法中，除采用拖网或采集器采样外，电子学、声学和光学观测技术的应用也很广泛。根据这些观测方法实现的基本原理及操作过程，可将其归纳为直接采样测量方法、电子计数测量方法、声学探测技术以及光学观测法等。

1. 海洋浮游生物直接采样观测方法

直接采样法是利用拖网或采集器在现场对样品进行采样，并对样品进行固定保存，带回实验室后制作观测载片，然后在显微镜下对浮游生物进行鉴定、计数、分类等研究工作，以获取有关方面的海洋浮游生物数据资料。CPR 浮游生物连续采集器是该方法的一个例子，该方法所观测的空间分辨范围为几米至几十米。

2. 电子计数法

电子计数法可以采集浮游动物的数量，其基本原理是利用浮游动物通过两个电极时，造成电极之间电阻的变化而引起电流的改变，通过探测电流改变的次数来计算浮游动物的数量，最常见的设备是浮游动物电子计数器。

3. 声学探测技术

声学探测技术是利用了海洋有机体的声学散射特性，根据声波发射后收到目标回声的间隔时间以及对回声信号强弱和结构加以分析，可估算出目标所处的深度、目标强度、目标数量及分布状况等。探鱼仪就是其中的一个例子。

4. 光学观测法

光学法的传统模式是采用光学显微镜在实验室环境下对海洋浮游生物进行人工鉴定和计数。此法的优点是由专业的海洋研究人员直接参与其中，可以有效地减少生物鉴别误差和计数误差。此方法也具有明显的缺点，如费时费力，无法对海洋浮游生物进行现场检测等。

5. 浮游生物水下全息成像法

数字全息技术是指将全息图记录在电荷耦合器件 CCD 上而非传统的干板上，并由计算机模拟光学衍射的过程对全息图进行再现，从而以数字方式获取被测对象的三维图像。

6. 海洋激光雷达探测法

激光雷达采用蓝绿脉冲光作为激发光源，通过对激光回波信号的识别提取以获得鱼群分布区域和密度信息，结合偏振特征分析可对鱼群种类进行识别。从搭载平台向海面发射脉宽为纳米级的激光脉冲，一部分激光能量被海面反射，另一部分穿过气／水界面进入海洋水体内部，海面反射的回波被接收器接收，穿透海面的那部分经海水射向海底，被海底或水中其他物体反射后，再次经过海水，穿过海气界面，被接收器接收。

（三）深海生物测量方法

深海近底层生物幼体取样系统与常规的浅海取样系统有所不同，有些生物体常年生活在深海高压的环境中，对海面的常压环境很难适应，导致被采样的生物幼体到水面上几乎全部死亡，所以需要针对深海生物幼体的保压保真系统。保压系统主要是由球阀、蓄能器、保压桶和网底管等组成。保压桶主要是用来对网底管采集到的生物幼体进行保压的密闭容器，保压桶的设计关系到取样生物幼体的成活率。尾部网底管样品的保压驱动机构采用了球阀结构。当采集样品进入保压筒时，与保压筒两端连接的球阀在液压驱动缸的驱动下关闭从而达到保压的目的。

四、地质与地球物理探测技术

海洋地质与地球物理探测技术手段与陆地上的地质地球物理探测技术有很多相似之处，主要测量人工或天然激发的和地球本身形成的地球物理场参量，如地球重力场、地磁场、地温场、声波或地震波场、电磁场及放射性元素的辐射场等，根本目的是了解海底沉积物、岩石的物性结构和海底地质构造的时空分布变化。由于海水的存在，使得对海底地温场、电磁场及放射性元素的辐射场的探测相较于陆地探测更为复杂；在海面上对地球重力场、地磁场的探测效率并不低，主要影响探测分辨率，而近底或海底的地球重力场、地磁场的探测情形则相反；由于声波在海水中传播距离远，使得声波或地震波场的探测在海底地形地貌、地层结构和地质构造研究中起着举足轻重的作用。

（一）海底地形地貌探测

1. 单波束测深

单波束测深就是传统的回波测深，通过向海底垂直发射声波，利用海底反射回波走时进行水深测量。由于声波频率越低在海水中传播时衰减越少，浅水测深通常使用高频段（30 ~ 210kHz），同时发射功率也低；大洋测深的声波频率低达 10 ~ 15kHz，同时发射功率也大。水深测量的精度主要取决于两个关键要素：波束照射海底脚印的宽窄和声波传播路径声速精度的高低。

测深仪利用压电换能器或磁致伸缩换能器发射声脉冲信号，其信号主瓣一般呈锥状，在 6dB 能量点处半开角变化范围可达 1° ~ 40°。同样开角的锥状波束，照射于深水海底面的脚印显然大于浅水海底面情形，因此使用窄波束进行深水测量可以有效提高水平分辨率和测深精度。

通常，测深仪设置 1 500mA 的平均声速进行测量。不但平均声速因地而异，而且随着水温、压力和盐度的变化，声速在垂直剖面上会发生明显变化。因此，测深数据都要经过声速改正处理，可以通过查计算表和经验公式计算当地的平均声速，也可用 CTD 和声速剖面仪测量当地的声速剖面并换算成平均声速，甚至直接用声速剖面，而由回波走时重新计算水深。

总之，浅水测深绝对精度要求高，深水测深绝对精度要求低，但一般相对精度都要

求不低于 ±1%。浅于 200 米的测深，还必须进行潮位改正，否则精度达不到要求。

2. 多波束测深

多波束测深是 20 世纪下半叶兴起的条幅测深技术，它利用发射换能器阵列向海底发射宽扇区覆盖的声波，利用接收换能器阵列对声波进行窄波束接收，通过发射、接收扇区指向的正交性形成对海底面的照射脚印，对这些脚印进行恰当的处理，一次发射—接收就能给出垂直于航向的上百个甚至更多的横向水深点，从而沿航线形成一定宽度的条幅测深带。当平行测线间距小于条幅宽度，多波束测深就能经济方便地进行全覆盖、高精度进行海底地形测量，我国从 1995 年开始用了 20 多年时间基本上完成了管辖海域的多波束全覆盖海底地形测量。

多波束测深使用的声波频率与传统的回波测深的声波频率相同，但是要采用发射换能器阵列和接收换能器阵列，再加上声呐控制、数据采集及其他配套设施，技术复杂得多。多波束条幅扇面开角一般可以加大到 120° ~ 150°，条幅宽度可以达到 5 ~ 7 倍水深，形成每个波束脚印的波束角早期为 2° × 2°，现在一般使用 1° × 1°，甚至达到 0.5° × 0.5°，而且波束照射脚印既可以等角分布，也可以等距分布。浅水多波束系统发射功率低，换能器阵列也小，相应造价低，可以便携式安装；深水多波束系统发射功率大，换能器阵列也大，相应造价高，只能固定安装在船上。显然，浅水多波束的分辨率高于深水多波束，全覆盖测量能够精确地探测海底目标的大小、形状；深水多波束测量通常需要集中能量缩小条幅宽度到 3 ~ 5 倍水深，但探测效率仍远远高于浅水多波束。

多波束系统边缘波束测深精度的高低是决定多波束系统测深数据质量的关键，而波束声线位置、角度和路径等任何参量改变，对边缘波束海底脚印偏差影响最大。为此，在严格的参考坐标系统下，事先确定卫星定位天线、发射和接收换能器阵列的坐标，同时通过海上试验，由平坦海底同一测线往返测量校正横摇（RWI）偏差，对同一目标物同一测线往返测量校正纵倾（Pitch）偏差、艏摇（Yaw）偏差和定位时间延迟，需将这些偏差参数直接输入数据采集显示系统实时校正测深数据。表层声速的变化会使得各个接收波束的声线弯曲发生变化，接收换能器阵列处安装表层声速仪实时测量和输入表层声速是提高边缘波束精度的有效途径；及时测量、更换声速剖面和缩小声速剖面覆盖范围，才能保证各个波束声线路径和海底脚印的计算精度。

3. 侧扫成像

类似于光学成像原理，侧扫成像技术利用海底对入射声波反向散射的原理探测海底地貌和水下目标，广泛应用于海底测绘、地质调查、工程施工、障碍物探测和矿产勘测。与多波束测深技术类似，侧扫声呐垂直于航行方向向左右两侧发射扇形波束，纵向开角一般小于 2°，以保持较高分辨率；横向扇形开角一般为 40° ~ 60°，以保证一定的扫描宽度。有目标时回波信号较强，目标后面声波照射不到的影区图像色调很淡，根据影区的长度估算目标的高度。

侧扫声呐可分为船载和拖曳两种，拖曳方式又分为两种：离海面较近的高位拖曳型和离海底较近的深拖型。船载侧扫声呐安装在船体两侧，工作频率一般较低（10kHz 以下），扫幅较宽。高位拖曳型侧扫声呐在水下 100 米左右工作，能够保持较快的航速（8kn）。深拖型侧扫声呐通常高出海底不到 100 米，为了安全，航速较低，但是工作频率可高达 100kHz 以上，声呐图像分辨率也高。

传统的侧扫声呐有两个缺陷，一是分辨率取决于横向扇形波束开角，随距离的增加而线性降低；二是无法测出海底的准确起伏形态，只能二维成像。当前已有两种声呐进行三维海底成像，一种是多波束测深声呐，由多波束测深系统记录的入射波束振幅强度，实现等深线成像；另外一种是测深侧扫声呐，适宜安装于拖体、自主式潜水器（AUV）、无人遥控潜水器（ROV）和载人深潜器（HOV）等各类水下载体上，在它们的左右两侧各布设两个以上的平行线阵，估算平行线阵间的波束相位差以获得海底起伏深度，直接进行反向散射声成像。目前，侧扫声呐技术的一个重要发展方向是合成孔径声呐技术，其横向分辨率理论上等于声呐阵几何尺寸的一半，不随距离的增加而降低。

4. 浅地层剖面探测

浅地层剖面探测技术与回波测深技术原理相似，只是为了穿透地层，适当降低发射阵列发射的声波频率，脉冲信号遇到不同波阻抗界面产生反射脉冲，反射脉冲信号由接收阵列接收并放大，经时深转换与数据处理，可得到水面以下浑水介质和数十米深的地层分布情况，可为浅海、港湾、水道提供有价值的工程环境资料，也是探测海底沉积特征和表层矿产分布的重要手段。针对不同应用要求，可以选择不同的工作频率，海底调查一般使用 3.5 kHz，低频段 2.5 ~ 6.5kHz，高频段 8 ~ 23kHz，地层分辨率一般优于 10cm，穿透深度随工作频率和海底底质类型不同而有差异。

浅地层剖面仪根据反射的声波类型有两种，一种是调频声波，具有余弦波、Chirp 等发射模式；另一种是大功率电火花，产生的声波频率低，可以加大探测深度。浅地层剖面仪也可分为船载和拖曳两种，船载型又可分为船底固定安装和船舷便携安装，固定安装型可构成多阵列窄波束发射的测深 – 浅地层剖面仪；拖曳型的往往与侧扫声呐合成一体，受波浪噪声、载体摇摆影响小，发射能最小，工作频率高，有助于提高地层分辨率。

浅地层剖面探测技术发展有两个方向：①参量阵技术构成的全海洋宽带非线性差频浅地层剖面系统，差频的频率低、指向性强、旁瓣小，更能有效地穿透地层；②采用宽带扫频和频率无缝合成技术，开发超宽频浅地层剖面系统，满足不同用途、不同地层分辨率和穿透深度的需求。

（二）海洋地震探测

1. 拖曳地震电缆数据采集

为了探测盆地沉积结构和深部构造，拖曳式多道地震电缆数据采集、处理和解释技术逐步发展。

拖曳地震接收缆由一系列平行排列水听器构成，相对集中的一组水听器组成一道接收单元，从而整个接收缆被分成多道接收单元，分别记录地震信号，俗称多道地震电缆，可以使用叠加和其他处理方法来增强其地震信号。科研上常使用24道、48道、96道、120道或240道等地震电缆。早期设计采用充油的柔韧塑料管，内部的水听器信号通过拖缆以模拟信号形式传输，经过放大滤波，以数字形式记录在磁带或硬盘上的仪器，以便后续进行处理和显示输出。现在一般采用固体数字光缆，内装有模 – 数转换器和编码器，通过光纤缆直接传送数字信号，速率超过5 MB/s，避免了信号失真和沿传输路径的其他因素的影响，使长排列的上千道地震电缆成为可能，满足油气勘探的需要。

人工地震震源早期直接采用化学爆破，现在都采用压缩空气枪阵列。为降低二次冲击波，可进一步采用套筒气枪阵列。这种常规震源的频率一般在5 ~ 500Hz，能量足够大到可以穿透地壳。单船的放炮和接收通常只能接收地震反射波，探测深度受到影响，而双船、三船地震调查技术则可接收深部的折射波和广角反射波，达到研究地壳深部结构的目的。

多道地震电缆之间可以相互连接，增加接收道数。通过弹性段、前导段和甲板缆，可以直接接到地震记录仪，拖缆的后端包括更多的缓冲段、减震段和一个顶端装有雷达反射器和GPS天线的尾标，中间可以配定深器和水鸟，实现地震电缆的定位、定姿和安全拖曳。在油气勘探中通常采用三维地震调查，8 ~ 12个拖缆同时平行拖放，展开器使电缆阵列保持固定间距。

为了提高地震探测的分辨率，通常也采用电火花和水枪震源，频率一般在0.2 ~ 1.6kHz。地层探测的分辨率高于常规地震震源，探测的深度又大于一般的浅地层剖面仪，可以达到400 ~ 500米，但接收的地震道数不必太多，工程上具有广泛的应用。单道反射地震电缆通常用此目的，尽管分辨率达不到一般的浅地层剖面仪，但如果采用高频的小间距多道反射地震电缆，叠加处理后的地层剖面分辨率可以得到提高。

2. 海底地震仪数据采集

海底地震仪（Ocean Bottom Seismograph.OBS），是密闭在耐高压球体内的地震接收、记录仪器，置于海底，能长期或在计划时间内记录人工的或天然的震源信号的反射波、折射波和广角反射波。

OBS结构主体包括拾震器、放大器、记录器、石英钟和电源等，并分为单分底和三分量两种。在接收频段上，通常分为短周期地震仪和宽频带地震仪，两者都可以进行人工地震探测，后者还可以观测天然地震。即使采用人工气枪震源的短周期地震仪，也比多道地震仪更易记录到来自沉积基底、莫霍面的折射地震信号，从而更好地反映深部岩性结构。宽频带地震仪长期记录天然地震，则能够反映地球内部圈层结构的纵、横向变化，成为区域性或全球性地震层析成像的主要数据来源。

3. 声呐浮标数据采集

声呐浮标是探测水下目标的浮标式声呐器材，与浮标信号接收处理设备等组成浮标声呐系统，可用于航空反潜探测和固定声呐监视系统对水下潜艇的预警等。声呐浮标也是早期海上地震信号的接收装置，在地震波预期到达前，通过船上的主传输器发送编码信号来激活声呐浮标内的地震记录器。随着 Argo 漂流浮标技术的成熟和普遍使用，地震接收功能可以与之相结合，加上定位和数据传输手段的保障，Argo 声呐浮标或许可以用于地震探测，将得到重视和应用，成为探测海底构造的又一种有效手段。

（三）海底热流探测

海底构造作用主要是由热能驱动的，进行海底热流探测可以为洋盆及其边缘随时间的演化模拟研究提供重要的约束条件。由于热流密度等于介质热导率与垂向地温梯度的乘积，海底热流探测分成海底地温梯度和热导率的测量。

海底地温梯度一般用两种仪器来测定。第一种是 Bullard 型探针，是最早出现的海底地温梯度测量仪器，外形为细长的管状，内部排列着热敏元件，间距固定。温度差作为时间的函数在探针钻入海底前、停留海底中及拔出之后的时间内被记录下来，温度平衡时的梯度值则通过外推来计算。热导率测量还需要通过单独的取芯装置获取沉积物样。第二种是 Ewing 型探针，借助于重力或活塞柱状取样器，既作为插入动力装置又可以获取沉积物样品，并用数个细小的针式探针取代了 Bullanl 型管状探针，探针通过外伸支架固定在取样器上。通常，在不受探头贯入干扰时，地温梯度可以在探针插入海底的 5 分钟内获得，加上沉积物取样完整覆盖地温梯度测量的深度范围，又不受热敏元件作用的扰动，使得 Ewing 型探针应用更普遍。

沉积物样取回甲板后，在它发生明显变化前，需要及时测量热导率，通常也采用探针方法测量具有热敏电阻和连接低压电源电线的探针插入岩芯内部，当热量以恒定的速率在探针中散发时，可记录探针周边样品的温度值，即可推算出沉积物样的热导率。

Lister 型探针又称为"琴 - 弓"（violin-bow）型热流计，是第一个能够在海底原位状态下进行热流测量的设备类型，由热脉冲琴弦装置加热周边沉积物，再由温度探针记录温度变化，而可测出原位热导率；并由上下等间距排列的各个温度探针测得摩擦、热脉冲加热散热后的平衡温度，而得出地温梯度。

（四）海洋重力测量

重力测量以牛顿万有引力定律为理论基础，指示重力加速度的变化。海洋重力测量展示的海上重力异常分布特征和变化规律，在建立海洋大地测量基准、提高水下导航及远程武器发射精度方面起着重要作用，并能够反映海底形态、基底构造和深部圈层界面起伏特征等，精细的重力异常还能反映断裂、岩浆、油气及矿产等分布特征。

1. 海底定点重力测量

传统上，海洋重力测量可分为海底定点重力测量和海面走航重力测量。海底定点重力测量是将重力仪安装在浅海底固定点或潜水器上，用遥控装置进行观测。这种方法受海浪、船体影响小，测量精度高，但受水深及底流、海底地形的影响大，要求遥控、遥测以及自动调平等一系列技术配合。海底定点力测后每移动一个点测量一次，测量工作既费时又麻烦，同时又基本在浅海地区作业，因此逐渐被海面走航式重力测量所代替。目前，随着海底观测网技术的成熟，海底定点重力测量技术本身也转化为定点的长期连续的海底重力观测技术。同时，在海洋油气勘探中，可以在钻井中安装由遥控测量装置、悬挂探头的常平架和安置仪器的密封耐压外壳组成的重力仪，获得的测井重力变化可用来划分钻井中不同密度岩层的界面以及发现钻井附近的密度异常体。

2. 海面走航重力测量

海面走航重力测量的一个前提是，要为重力传感器提供隔离舰船、海浪运动带来的倾斜影响，需要将重力传感器安装在具有自动调平功能的常平架内或稳定平台上，常平架或稳定平台的底座水平向固定，垂直向具有弹性缓冲功能，进一步抑制舰船、海浪运动带来的上下起伏影响。为了使海洋重力仪及稳定平台运行更稳定，应尽可能安装在测量船的稳定中心位置，即在船的横摇、纵倾影响最小的舱室，同时要求受船的机械振动影响最小。常平架或稳定平台一般采用双轴陀螺平台原理，对应于水平双轴的两个力矩马达分别不断反馈各自的陀螺输出信号，使之保持输出来达到平台的稳定。然而，陀螺的指向理论上在惯性参考系中是固定不变的，而地球旋转、舰船运动和陀螺（特别是光纤陀螺）固有漂移使得陀螺的指向不是垂直向的。为此，对应于双轴陀螺配有双轴加速度计，将其关于陀螺指向的累积变化反馈给陀螺进动器，使对应的陀螺保持垂直指向。

常规的海洋重力测量都使用弹簧型海洋重力仪，该重力仪又分为摆杆和轴对称两种类型。其中利用弹簧扭矩与重力矩保持平衡原理的摆杆型海洋重力仪，早期以德国 Graf-Askania 公司生产的 GSS-2 型 /KSS-5 型海洋重力仪为典型，以测定摆在电磁阻尼中偏离平衡位置的幅度来表示重力的微小变化；后期以美国 LaCoste&Romberg 公司生产的 S-Ⅱ型海洋重力仪为典型，采用零长弹簧原理，测定运动周期无限长的摆在强空气阻尼中的运动速度来表示重力的微小变化。对于摆杆型海洋重力仪而言，天然存在水平扰动加速度和垂直扰动加速度的交叉耦合（CC）效应，引起的误差达到 $5 \times 10^{-5} \sim 40 \times 10^{-5} \text{m/s}^2$。由稳定平台上的水平加速度计、重力传感器内摆杆的摆幅、相位和与垂直加速度有关的角频率，可直接由理论公式计算出 CC 改正值。但实际上，由于重力仪内部和外部安装上的偏差，CC 效应理论公式并不能完全反映摆杆测量的固有外界干扰，可通过在实验室旋转摇摆台上的测量值变化来计算与各个耦合运动参数之间的线性关系，确定的相应系数就可用来计算实际测量的 CC 改正值。即使如此，CC 效应误差改正在各种特殊情况下仍然会出现不理想的状况，使得不受交叉耦合效应影响的类似弹簧秤的轴对称型海洋重力仪应运而生，其中以 Bodenseewerk 公司生产的 KSS30/31 型海洋重力仪为典型。

任何类型的海洋重力仪在走航测量时都相对于地球运动，产生的科里奥利力改变了重力仪的静止测量值，表现为同一条测线上东向航行测量值小于西向航行测量值，南北向测线上影响可忽略不计，通常称为厄特沃什效应，最大可以超过 $100 \times 10^{-5} \mathrm{m/s^2}$，这是海洋重力测量数据的关键改正项。当航速以 kn 为单位时，厄特沃什效应（$10^{-5} \mathrm{m/s^2}$），$\delta g_E = 7.5 V \sin A \cos B + 0.004 V^2$，其中为测点航速；$A$ 为测点方位角；B 为测点大地纬度。

弹簧型海洋重力仪对温度变化比较敏感。为了保证海洋重力测量数据的可靠性，需要对海洋重力仪实施测前和测后的一系列检定工作，主要包括重力仪格值的标定、水准器偏斜灵敏度的检验、滤波时间常数的测定、锁制零点误差测定、重力仪温度系数测定、重力仪线性化试验、重力仪静态和动态观测试验等。测前码头上重力仪需要通电恒温 4～5天，重力值稳定，且掉格小于 $0.1 \times 10^{-5} \mathrm{m/s^2}$ 后，才可出航测量。离开和返回码头进行重力基点比对，测量期间需要重力仪恒温不中断，保持室温稳定，既可以控制仪器掉格，又可以使相对重力测量值能换算成绝对重力值。理论上讲，海洋重力测量要求沿布设测线匀速直线航行，实际只能根据导航软件，做到航向、航速稳定，不然重力传感器及平台偏离稳定平衡位置，重力数据无效。事实上，航速不稳定，特别是船只拐弯的航迹段，重力数据必须剔除掉。

（五）海洋地磁测量

海洋地磁数据在指示海底扩张年代、基底构造和磁性矿产等方面具有不可替代的作用，在发现海底各种掩埋、废弃的铁磁性物质方面也非常有效。由于潜艇的潜航与隐蔽和水雷的布设与地磁场关系十分密切，使得海洋地磁测量的军事应用得到日益重视。

1. 海洋地磁总场测量

海洋地磁测量的一个关键是除了传感器本身的无磁性外，还需要抑制测量船磁性的影响，通常采用水面或水下的拖曳测量技术。水面测量拖曳电缆的长度一般要求是船长的 3 倍，这样船磁影响可以基本忽略不计，即使还有影响，采用规则的测网测量，可由测线交点平差给予有效消除。尽管如此，专业海洋地磁测量航次还是要求尽可能掌握现场船磁的影响程度和方式，在日变较平静和海况良好的深夜，在测区内部或附近地磁场变化平缓的地方进行八方位船磁试验测量，以便在海上测量方案设计和数据后处理时参考及应用。船磁的一般特点是磁南、北向测线之间船磁影响差异最大，磁东、西向测线之间影响则最小，同时磁正北西和北东方向的测网受船的感应磁性变化的影响最小。船磁的方位影响程度和方式还会随位置变化而变化。为了得到高精度的地磁数据，在基本垂直构造走向布线的前提下，应该尽量避免南、北向主测线的测网方案，采用西北—东南和东北—西南方向的测网最理想。

磁通门磁力仪是第一种用于地磁总场测量的拖曳式磁力仪，主要特点在于测量磁场的矢量分量，然后由于确定3个分量的惯性运动传感器难以集成为拖曳式磁力仪，只能由3个分量合成有效的地磁总场值。然而，由于它存在漂移和温度的不稳定性，1nT的稳定可能只能维持几小时，几天的时间就可能超过10nT的漂移，需要经常与绝对磁力仪进行标定。目前，拖曳式地磁总场测量仪器有质子（旋进式）和光泵式磁力仪，提高了测量的灵敏度、精度、采样速率和工作稳定性。

海洋质子（旋进式）磁力仪通过测量质子在地磁场中的旋进频率来给出地磁总场值。在装有蒸馏水或富含氢核的煤油的容器周围绕上线圈，通电产生持续数秒钟的强磁场，使其中的质子沿着线圈的方向排列。去掉磁场后质子旋进回转到地磁场方向，旋进的频率决定于地磁场总强度，并可通过测量线圈的感应电流来求得。目前，国内常用的这类仪器有加拿大Marine Magnetics公司生产的SeaSPY海洋磁力仪，采用了动态核极化的Overhouser效应，它是一种电子-质子的双共振技术。对于同时包含电子自旋和质子自旋两个系统的物质，在频率等于自由电子顺磁共振频率的高频场作用下，自由电子将发生能级跃迁。通过电子和质子两个自旋系统之间的相互作用，使相关的质子自旋能级分布发生变化，进而使质子自旋能级间的粒子数之差大幅度增加，提高了质子的极化率，信号强度比静态极化方式下增强几百倍至上千倍，使功耗降低、测量范围增大，不存在光泵式磁力仪在低磁纬度信号强度弱、测量可靠性降低的问题。

海洋光泵式磁力仪基于电子旋进原理的塞曼效应，其核心可由铯蒸气和铷蒸气腔构成，也可以用氦蒸气和钠蒸气。因为由光泵作用排列好的原子磁矩，在特定频率的交变电磁场的作用下，又将产生共振吸收作用，打乱原子的排列情况。发生共振吸收现象的电磁场的频率与传感器所在点的地磁场总强度成比例关系，故测定这一频率就可以测出地磁总场值。目前，国内常用的这类仪器：Geomatries公司生产的G-880、G-882铯光泵海洋磁力仪和杭州瑞声海洋仪器有限公司生产的RS-GB6A型氦光泵海洋磁力仪。

水面拖曳地磁测量数据往往对海底磁性目标及构造的分辨率不够，可采用拖体、AUV、RQV和HOV等各类潜水器进行近底拖曳地磁测量。无磁性运载器可直接安装磁力仪；有磁性运载器则采取短距离拖曳，但需要进行岸上的运载器磁性影响试验，以便得到优化的仪器安装和数据改正方案。近底拖曳地磁测量需要增加辅助测量装置，如压力深度仪、声学高度计、声学超短基线定位系统、浪潮仪和ADCP等，以提高传感器定位和环境噪声改正的精度。

拖曳地磁测量数据主要用于反映磁场的空间变化，但是主要由太阳带来地磁日变的时间变化会掩盖地球本身具有的空间变化，为此，需要在测区内部或附近架设固定地磁日变站观测记录地磁场的时间变化，以便在测量数据中排除地磁日变。如有条件，可以在测区内部架设海底地磁日变站，选择尽可能接近海面、安全平坦的地形高地来布放，既便于回收，又能保证观测记录的地磁日变就是影响拖曳测量的地磁日变。陆地地磁日变站应尽可能布设于最靠近测区同纬度的地区，选在地磁场变化平缓、没有磁干扰体的地方，并避免布设于小岛或者海岛边缘，以减小海岛效应的影响。如果某一时段的地磁日变曲线上下波动范围超过100nT，则该时段的海上地磁测量数据判为无效。地磁正常日变改正采用地方时。地磁日变变化幅度小于100nT的磁扰目的日变改正分为两个步骤：先用地方时，由正常日变校正平静日变化部分；然后用世界时进行磁扰校正。正常日变校正值为磁扰发生前后3天的日变曲线平均值，磁扰校正值为实测日变值减去正常日变值。

2. 海洋地磁梯度测量

排除地磁日变的另一个方法就是采用双探头的拖曳地磁测量，即海洋地磁梯度测量技术。无论是质子磁力仪还是光泵磁力仪，都可以在拖曳于船后的同一条电缆上一前一后安装两个探头，间距一般大于100米，两个探头的地磁总场值同步相减，以便构成它们之间的地磁场梯度值，可自动消除日变的影响。通过对梯度值的数值积分，能得到不受日变等影响的地磁场绝对值，故无须设立地磁日变观测站，有利于远海磁力测量和地质解释，这种方法能够探测低幅微值和短波长的磁性结构特征，可以对水下小目标进行识别和分析。

（六）海洋电法探测

有些海底地质构造的电学特性与周围环境有明显差异，如热液流体、火成岩熔融体、多金属硫化物及沉积矿等的电阻率偏低，而天然气水合物的电阻率则偏高，使得海洋电法能够探测这类海底地质构造。特别是部分深埋的小型异常区与周围环境之间在密度、地震波速度、磁化强度上的差异小到可以忽略的程度，电法则可能是能探测到这类异常区存在与否及其尺度大小的唯一选择。

电法探测种类较多，一些方法是直接测量自然电位、电流和电磁场；另一些方法是利用人工加载电流和电磁场，再测量穿过海底后返回来的信号，细分大致有以下几种：

1. 自发极化法

主要采用海底电极和高阻抗的电压表测量矿区附近的自然电位。很多矿床犹如天然电池一样能在地表产生电位差，主要是那些含有多金属硫化物的矿床，相距10～100米的拖曳式非极性电极能测量到这类矿床的几百毫伏的自然电位。

2. 直流电阻率法

根据直流电流过两电极时的电位分布测量电阻率的大小。由于海水良好的导电性，当电流通过含少量海水的海底时，进入海底的电流强度跟海底与海水间的电阻率比值成反比。如果海水之下是松散沉积物的话，两者电阻率比值将小于0.1；而在花岗岩和其他基岩出露的地区，比值通常要小于10.4。为了得到一定深度的电流值，电流电极间的距离应设为海水层厚度的几倍。

3. 感应极化法

根据穿过电极的电流断路而引起的电压衰减量，或地面阻抗随频率的变化，来测量异常电导率。电流中断的一瞬间电压会很快下降，随后便相对缓慢地下降至初始值的一小部分，这种缓慢衰减一般能持续几秒钟至几分钟。如果向电极中通入变频的交流电，则由于海床电容的限制，使所测得的阻抗随频率的增加而减小。

4. 大地电磁法

电离层和磁性层中的带电粒子流在地球内感应形成时变天然电磁场，同步测量太阳活动控制的这种低频大地磁场和其诱导的大地电流，就能决定地球内部的电阻率变化。高导电率的水层相当于一个低通滤波器，频率大于 1 Hz 的磁场在 200 米水深实际上可以忽略，到了几千米水深只能记录到每小时 10 周的信号。由于低频信号对小于 30 ~ 50 千米深度的构造不敏感，因此低频场只能给出电阻率的区域性变化事实上，大地电磁法是目前海上进行这种大深度电学特性测量的唯一可行方法。

5. 磁测电阻率法

根据接地电源产生的电磁场得到电阻率。通常，利用垂直偶极发射装置，一极直接放在水面下，另一极为置于海底的绝缘电缆末端。流过两电极的整流电流，只有一小部分可穿透到海底，而其余的都直接穿过海水距场源不同距离的水平分量磁力仪来测量海底方位磁场的大小，其幅值反比于海底与海水之间的电阻率比值，距离越远越能记录到更深电阻率结构带来的磁场变化。

6. 可控源电磁法

根据海底对电磁场传导的响应来得到海底电导率。当电磁波穿透海水时，在海底感应产生的电流又会产生次级电磁场，而这与海底电导率相关。为了在海底产生强电流，一般将可控电磁发射源放在海底或拖曳于近底，海水也能有效地过滤掉来自各种人为的高频干扰。可控电磁源可分为四类：水平电偶极（HED）、垂直电偶极（VED）、水平磁偶极（HMD）和垂直磁偶极（VMD）。发射源和接收器一般具有相同的结构：共线的水平电偶极 – 偶极、共面的垂直磁偶极 – 偶极和共轴的水平磁偶极 – 偶极。发射源有两种操作模式：频率域系统发射单一频率的信号或者有序发射多个不同频率的信号，从而测量其稳态响应；时间域系统发射一个瞬态电磁场，通常呈正方形或三角形波，这样在无初始场的连续频率段可确定地球的响应。初始场中的非规则性会严重影响合成初始和次级电磁场的测量结果，而时间域技术恰能很好地避免这样一个问题。电导率可以直接从表示为时间或者频率的函数的电磁场的一个或几个分量计算出来，两者结果是等价的，并通过傅里叶变换相关联。依据解析的正演模拟限定在简单的几何形状上，如柱状、薄片和半空间既可以应用数值正演模拟（如有限元法和有限差分法），也可以检验实验室模型的响应，来研究更复杂的电导率分布。

（七）海底放射性元素探测

基于近地表放射性元素的丰度差异，海底放射性元素探测为了解岩性变化提供了一个独特的视角，也为寻找海底有经济价值的矿物提供了强有力的方法。放射性元素衰变会发射出带正电的 α 粒子、带负电的 β 粒子和不带电的高能 γ 射线，不到 1mm 厚的水膜就能有效地阻挡住 α 粒子，β 粒子在固体或液体里穿越几十毫米就损失大部分能量，γ 射线在穿越几百米空气或几百毫米水后还能被接收到。这样，只能基于测量 γ 射线的能谱识别出产生海底辐射的同位素。水下铀矿测量得到的放射性光谱显示，对于沉积层覆盖薄的放射性岩层，仅几厘米厚的盖层就足以掩盖它的放射性信号。

γ 射线一般用闪烁计数器来测量。这种计数器里的碘化钠晶体或碘化钠晶聚体经过处理后，能将射线转换成光脉冲。假设 γ 射线被完全吸收，则光脉冲的强度正比于入射的强度。实际上，不可能达到 100% 的转换效率，因此就要对脉冲高度谱曲线形状做修正。光脉冲被反馈给光电阴极的光电倍增管，该管与读数电路相连。闪烁计数器、光电倍增管和电源安置到耐压的合金管中，用一根铠装电缆系着合金管将其下放到海底，在每点上观测持续大约 2 分钟，就能进行海底放射性探测。将合金管改造成金属滑橇，可以避免仪器被碰挂的危险。

尽管自然界中足有 20 多种放射性衰变元素，但是其中只有钾、钍、铀的元素丰度较高，而被应用于地球物理勘探中。很多花岗岩富含钾、钍、铀，是比围岩强的 γ 射线放射源。含钾的矿物在火成岩和沉积岩中比较常见，含钍的独居石在部分大陆架沉积层中富集，钍和铀也存在于某些冲积矿床中。除了固体地球的放射性元素外，γ 射线通量里还有非地质放射源的贡献，因此在从计数器推演出元素丰度前必须将非地质放射源的贡献排除掉。在每一条测线的起点和终点，当计数器在水柱中上下时就可测量出本底水平。本底放射主要来自宇宙射线和计数器本身，其他可能的放射源是镭（226Ra）放射衰变产生的副产品氡（222Rn）和核辐射微尘。在深海的大多数地方，氡的 γ 放射一般可以忽略，因为它的半衰期只有 3.825d，而且其姐妹产品的半衰期——214Pb（26.8min）、214Bi（19.7min）比底部海水的更新率短得多。但是在热液喷口和大陆边缘的气、水渗漏区就要考虑其放射影响了。同样，底层水的更新率也比核辐射微尘的一般主体 137Cs 的半衰期长得多。在大陆架，比较快的潮汐和风浪流的混合效应，使得来自核试验、意外事故、废弃物等的放射构不成水体本底放射的主要成分。但不排除局部地区，核废弃物较快地溶入滨海沉积层而加强了海底的本底放射水平。

排除本底放射影响后，还要再考虑钾、钍、铀的 γ 放射能谱的重叠才能从 γ 射线通量中推导出它们的元素丰度。在海底勘探工作中，通常关注 0.1 ~ 3MeV 这个能量范围。大多数的仪器都包括一个分光仪，用以确定包含 40K、208Tl、U 系列特征能谱的射线强度。能量窗一般设在 1.37 ~ 1.57MeV（40K）、1.66 ~ 1.86MeV（U: 214Bi）和 2.41 ~ 2.81MeV（Th: 208Tl），每个能量窗的计数数目不仅可以显示为多通道条形图，也可数字化地记录下来。

第三节 海洋传感器集成技术

海洋传感器根据检测性质可以分为海洋物理传感器、海洋化学传感器、海洋生物传感器等。根据检测量不同，海洋物理传感器又包括声学多普勒流速剖面仪（ADCP，测量海流）、CTD（测量电导率、温度和深度）、温度传感器、深度传感器、压力传感器、传导率传感器、浊度传感器、浪潮记录仪、形变传感器、水听器、视距测量仪、分光计等；海洋化学传感器包括溶解氧、营养盐、二氧化碳、甲烷、pH 值、H_2S、盐度传感器等；海洋生物传感器包括叶绿素传感器、光学浮游生物计数器、摄像浮游生物记录仪、浮游生物声学剖面仪等；地质与地球物理传感器是海洋物理传感器的一个特殊分支，包括地震检波器、海啸传感器、倾斜计、磁力计、应力计等。

海洋环境极为复杂、变化多端，一方面很多现有的传感器不能直接用于海洋环境检测；另一方面单纯依靠某几种传感器难以满足现代化海洋管理和资源开发的需求，海洋传感器集成技术就是在这种情况下出现的。海洋传感器集成技术主要利用通信、数据库、集成等技术，集成各海洋环境监测系统，将多种海洋传感器集成为一个整体，优势互补，并结合现代化网络技术构建集成多监测技术的技术监测网，通过对海洋环境进行全面监测，获取多种监测手段的多源数据，进行多源监测数据的综合处理数据集成，开展多源、多时相数据的客观分析以及主要环境要素的时空变化分析，从而全面分析了解海洋环境状况，使海洋监测工作在实效性、数据质量水平、监测覆盖范围等多个方面实现大幅度提升。

一、传感器系统集成

海洋传感器系统集成是指海洋的某些技术指标不能通过已有的传感器直接检测出，需借助传统的传感器在一定环境条件下检测数据，并经过一定的数据处理间接反映出来。

由于传统的传感器不适合直接用于海洋环境检测，海洋传感器系统集成的思路是将传统的传感器与机械结构、电路等集成在一起，配以合适的处理器控制中心，形成一个完整的检测系统。处理器负责控制机械结构的运动为传感器营造合适的检测环境，传感器将检测到的数据发送给处理器，经过一定的算法处理，处理器将计算后得到的最终检测数据发送给上位机，完成海洋特定技术指标的检测。

我国典型的海洋传感器系统集成如海洋微生物量原位检测深海热液化学长期测量系统 Smart Sensor（浙江大学）、深海激光拉曼光谱系统（中国海洋大学）等。

二、多传感器系统集成

多传感器系统集成是指综合利用多个传感器提供的信息来帮助系统完成某项任务。

多传感器集成的出现主要是因为单个传感器在环境检测方面存在无法克服的缺点。首先，由于单个传感器只能提供关于海洋环境的部分信息，并且其观测值总会存在不确定及偶然不准确的情况，因此单个传感器无法对海洋环境做出唯一全面的检测，无法处理不确定的情况。其次，不同的传感器可以在不同海洋环境下为不同的任务提供不同类型的信息，而单个传感器无法包括所有可能的情况。最后，单个传感器系统缺乏鲁棒性，偶然的故障会导致整个系统无法正常工作。多个传感器不仅可以得到描述同一环境特征的多个冗余的信息，而且可以描述不同的环境特征。

多传感器集成的总体思路是将多个传感器集成到一个监测平台，该监测平台实现各种传感器的电能供给以及数据的采集传输。监测平台一般包括供电模块和控制模块两部分，供电模块为传感器和控制模块提供电能，并且在供电出现故障时，及时对传感器进行隔离保护，由于不同传感器以及控制模块所需电源的电压不同，供电模块需要对输入电压进行电压变换后给不同传感器以及控制模块供电。控制模块一方面与传感器建立通信实现数据的采集，并将采得的数据经过一定处理后发送给上位机，另一方面根据上位机指令控制不同传感器的供电与否。

在我国，典型的多传感器系统集成如各种浮标、深海海洋动力环境原位实时监测系统（中国海洋大学）、基于海底观测网的深海原位化学监测系统（同济大学、浙江大学）等。

三、传感器数据集成

海洋传感器数据集成是指利用数据库技术集成多种传感器的监测数据，进行统一集中存储和管理，为用户提供一种数据的管理凭条和工具，实现监测数据的信息化管理。传感器数据集成就是设计海洋环境数据库的建设过程，这里不再就这方面举例。

四、传感器系统集成范例

（一）海洋物理传感器集成

以中国海洋大学研制的"深海海洋动力环境原位实时监测系统"为例，该系统可对海底表面或者近海海底的温度、盐度、深度、浊度、剖面流速和点流速等海洋动力物理环境参数进行定点原位、长期连续、多要素同步的实时监测。

深海海洋动力环境原位实时监测系统由嵌入式控制板、直流供电模块和各种传感器组成，该监测系统集成了温盐深仪（CTD：测量海水电导率、温度及深度3个基本水体物理参数）、声学多普勒流速剖面仪（ADCP）和声学多普勒流速仪（ADV），并在CTD系统上搭载了浊度传感器和溶解氧传感器。

温盐深仪（CTD）搭载了两个输出模拟量的传感器：浊度传感器和溶解氧传感器，工作水深可达7000米，通过RS-232接口，可以返回包括温度、电导率、压力以及两个搭载传感器的模拟电压值在内的二进制格式数据包。声学多普勒流速剖面仪（ADCP），工作水深 6 000 米，通过 RS–232 接口，返回包括表示流速、相关系数、回声强度和数据可靠性等参数在内的二进制格式数据包。声学多普勒流速仪（ADV），工作水深 6 000 米，通过 RS–232 接口，返回包括采集时间、供电电压、温度、仪器姿态和流速等参数在内的二进制格式数据包。

直流供电模块主要负责向嵌入式控制板和各个传感器供电。由于嵌入式控制板以及各个传感器所需的供电电压大小不同，深海海洋动力环境原位实时监测系统从深水接收盒得到的电能不能直接用于嵌入式控制板及各传感器的供电，直流供电模块通过不同的 DC/DC 转换器实现电压的变换以及隔离，然后输送给嵌入式控制板和各个传感器。

嵌入式控制板作为深海海洋动力环境原位实时监测系统的控制中枢，一方面嵌入式控制板提供了 3 个 RS–232 接口，分别连接到 CTD、ADCP 和 ADV，实现实时数据采集。另一方面嵌入式控制板通过以太网接口使用 TCP/IP 协议与岸基服务器建立通信连接，实现数据传输。

（二）海洋化学传感器集成

以同济大学研制的"基于海底观测网的深海原位化学监测系统"为例。数据采集器与接收盒通过水密电缆连接，获取 48V 直流电源，两者之间采用以太网 TCP/IP 协议通信；同时，数据采集器与阴离子分析仪、硝酸盐传感器等科学仪器相连，可为传感器提供直流 48 V、24 V、12 V 等电源，根据仪器输出数据格式的不同，采用 A/D 采样或 RS–232，RS–485 串口获取数据。基于海底观测网的深海原位化学监测系统包括以下传感器。

1. 海底原位阴离子分析仪

采用离子色谱原理，应用于河流、湖泊、海洋等各种环境，对水体中多种离子浓度进行测量，与数据采集器通过 RS–485 通信。

2. 硝酸盐传感器

最大工作水深 1 000 米，信号输出为模拟量，通过 A/D 采样与数据采集器通信。

3. 甲烷传感器

最大工作水深 2 000 米，信号输出为模拟量，通过 A/D 采样与数据采集器通信。

4. 叶绿素传感器

最大工作水深 6 000 米，信号输出为模拟量，通过 A/D 采样与数据采集器通信

5. 溶解氧传感器

最大工作水深 6 000 米，信号输出为模拟量，通过 A/D 采样与数据采集器通信，

（三）海洋生物传感器集成方法

海洋微生物系统非常复杂，原位自动检测系统能够在最大限度保持微生物生存环境的情况下，对海洋生物进行测量，得到相对更准确的数据。

以浙江大学研制的"海洋微生物量原位检测系统"为例。该系统基于 ATP 生物发光原理（ATP 只存在活体生物中，ATP 的浓度与活体微生物之间有很好的线性关系，通过测定 ATP 的含量可以间接得知活体细胞数量。而荧光素酶和还原荧光素，在一定条件下，会与微生物中的 ATP 作用，产生光），实现微生物浓度的原位在线检测。该系统基本组成主要包括步进电机驱动控制、电磁阀驱动控制、荧光信号检测、通信等模块，待测液体通过自动加样反应控制系统的驱动进入反应室，产生荧光，荧光透过检测窗传到荧光检测系统上的光敏传感器产生可供检测电路检测的电压信号，进而对信号进行转换、存储等处理。各电路模块、机械结构以及传感器通过 RS-232 与上位机联系，由上位机实现统一的调度控制和数据采集。

五、海洋探测技术应用实例

各种海洋要素探测和监测技术需要通过各种应用手段才能发挥作用。下面将通过举例来介绍这些海洋探测技术是如何在现实中应用的。

（一）海洋化学信息探测

海洋化学探测技术主要通过化学传感器测量，或通过海水采样器采样和化学分析器来实现探测海水中的溶解气体、各种离子、微量金属元素、营养盐和有机物等化学物质。海水采样器可在需要对海水进行取样的地点进行海水采样并实现良好保存，借助于无人潜水器或者载人深潜器实现深海海水或者热液采样。2015 年 1 月 2 日，我国"蛟龙"号载人深潜器在西南印度洋下潜，开展了海底高温热液区的热液采样与化学探测工作。

化学分析器所采用的分析技术大体可分为两类：连续流动分析（CFA）技术和流动注射分析（FIA）技术。CFA 是指在分析过程中连续吸取某一样品或标准溶液，即时与反应剂混合，并通过检测池进行检测。该技术用气泡分隔样品流以减小样品的扩散，但在海洋探测中，由于空气气泡在水压下不能保持，该法需进行一定改进。FIA 是指在反应剂混合和检测前，连续注射样品进入某一载流中。对 FIA 的研究表明，如果使用小直径管传送样品，CFA 可以在不需要气泡分隔样品流的情况下进行，且效果同样好。在这些系统中，流体呈薄片状，由于径向扩展足够快，限制了样品纵向扩散的发生。基于 FIA 原理的 CFA 化学分析器，已被中国、美国、英国、法国和日本应用于化学探测。另外，逆流动注射分析技术（rFIA）也已成功用于海洋原位化学探测中。rFIA 技术是从 FIA 发展而来，该技术与 FIA 技术过程相反，在此过程中，反应剂被注射进入样品流中。FIA 和 rFIA 的优点在于系统具有微流量特征，从而减少了反应所需要的反应剂和标准溶液体积，有利于进行长期海洋原位化学探测。

（二）地球物理信息探测

海洋地质与地球物理探测（下文简称为"海洋物探"）是通过地球物理勘探方法研究海洋和海洋地质的新方法之一。目前，用此种方法主要勘探石油和天然气构造及一些海底沉积矿床海洋物探包括海洋重力测量、海洋磁测和海洋地震探测等方法，海洋物探的工作原理和地面物探方法相同，但因工作场地是在海上，故对于仪器装备和工作方法都有特殊的要求，需使用装有特制的船舷重力仪、海洋核子旋进磁力仪、海洋地震检波器等仪器的勘探船进行工作，海洋勘探船还装有各种无线电导航、卫星导航定位等装备。

"大洋一号"曾是苏联的一艘海洋地质和地球物理考察船，原名"地质学家彼得•安德罗波夫"号。为满足我国大洋矿产资源调查的需要，中国大洋矿产资源研究开发协会从俄罗斯远东海洋地质调查局购买并经初步改装后，命名为"大洋一号"。改装后的"大洋一号"可以承担海底地形、重力和磁力、地质和构造、综合海洋环境、海洋工程以及深海技术装备等方面的调查和试验工作。自 2014 年 11 月 16 日至 2015 年 6 月 18 日，"大洋一号"科考船历时 215 天，航程 28 125 n mile，胜利完成第 34 航次科考任务。通过"大洋一号"船上配备的高分辨率测深侧扫声呐系统以及重力和磁力实验室、地震实验室、地质实验室等探测装备的综合探测，"大洋一号"实现了部分海域的海底地貌及底质探测，并进行了重力勘探、电磁场勘探以及地震勘探。实践了海底多金属硫化物资源的工程化勘探，开展了沉积物化探、近底磁力等勘探方法，获得了某些海底热液去岩心序列样品以及多金属硫化物区块的地质、地球物理等方面的数据和样品。

（三）海洋生物信息探测

海洋生物是海洋有机物质的生产者，广泛参与海洋中的物质循环和能量交换，对其他海洋环境要素有着主要的影响。海洋生物探测的主要目的，是为海洋生物资源的合理开发利用、海洋环境保护、国防及海上工程设施和科学研究等提供基本资料。海洋生物探测的任务是查清调查海区的生物的种类、数量分布和变化规律。海洋生物探测手段主要包括采样分析等。微型浮游生物的探测可按规定水层，每层采集 50 ~ 200mL 水样，用浓度 1% 多聚甲醛溶液固定，液氮保存。在实验室内取定量样品通过直径为 25mm、孔径为 0.2um 的黑色核孔滤膜抽滤。将滤膜置于载玻片上，在落射荧光显微镜下使用绿光或蓝光激发，分别计数具有光亮的橘黄色荧光的含藻红蛋白的聚球藻细胞和呈砖红色荧光的含叶绿素的微型光合真核生物细胞并且可根据计数值计算丰度。针对大、中型浮游生物以及游泳生物等可采用拖网的方式进行采样，再在实验室进行分析。

光量子仪是水下光学测量仪器，可供环境监测、生物生理研究、水产养殖等领域使用，也可作为一般光电测量仪器，广泛应用于有关科研、教学和生产部门。被测光由硅光电池转换为电流，经过放大后以量子形式被显示或记录。载人深潜器的下潜探测也是生物探测的重要手段之一。21 世纪初，"阿尔文"号载人深潜器承载两名英国海洋生物学家，在厄瓜多尔的加拉帕戈斯群岛附近海底火山口探测时，发现在海底 2 414 米处存在一处围绕在火山口附近的生命绿洲。利用载人深潜器，科学家不仅捕获了巨蛤、贻贝、白蟹，还捕获了身长达 1.5 米的蠕虫以及多种生物如水母等。

（四）海洋物理信息探测

海洋物理信息探测主要是通过现代科技手段探测海洋物理学方面的特征，主要包括海水的温度、盐度、密度等海洋水文状态参数的分布和变化，海水中的各种类型和各种时空尺度的海水运动（如海流、波浪、潮汐、内波、海水结构层的细微结构和湍流等）等。其中，锚系调查，简单地说就是通过绳链将单点海流计、沉积物捕获器、温盐深测量仪（CTD）和声学多普勒流速剖面仪（ADCP）等设备集成获取不同深度的海洋环境数据和样品。这是海洋生态环境监测与评价的主要手段，也是海洋环境基线研究的基础。通过锚系绳链上的多种集成探测设备和仪器，能够实时探测温度、盐度、深度、密度、海流等海洋物理学方面的特征参数。2014 年 7 月 23 日，随着一套长 1 070 米的锚系回到"海洋六号"科考船后甲板上，在采薇海山工作近一年的 6 套锚系全部成功回收。这 6 套锚系带着一系列精密的海洋物理探测设备监测海山区环境并收集了环境基线数据。

第六章 基于大数据技术的海洋遥感数据的时空扩展技术

第一节 基于海表温度和海面高度的三维温盐垂向扩展及检验技术

一、海洋三维温度静态气候场构建方法

为能够利用海洋卫星遥感数据对水下的三维温度和盐度进行时空扩展，需要首先建立水下三维温度和盐度的基本态，即静态气候场。

（一）海洋三维温度静态气候场构建方法

以海温统计分析产品作为初场，采用最优插值数据同化技术，同化预处理后的历史温度剖面观测资料，形成不同水深层次、各网格点上温度静态气候场产品。

在位置 j 处的历史温度观测数据 $T_{j,k}^{o}$ 通过最优插值法形成每个格点位置 i，深度上第 k 层的气候学温度数据 $T_{i,k}^{c}$ 为

$$T_{i,k}^{C} = T_{i,k}^{B} + \sum_{j=1}^{N} w_{i,j}\left(T_{j,k}^{0} - T_{j,k}^{B}\right) \tag{6-1}$$

式中，$T_{i,k}^{B}$ 为插值位置的气候学温度；N 为格点位置 i 附近的观测点个数；权重系数 $w_{i,j}$ 通过下式求得：

$$C_i W_i = F_i \tag{6-2}$$

其中，$w_{i,j}$ 为矩阵 w_i 的元素；C_i 为矩阵元素，并且为初始猜测温度的误差协方与不同观测位置观测误差的协方差之和；F_i 为网格点与观测点之间的初始猜测误差协方差矩阵。

（二）海洋三维盐度静态气候场构建方法

利用经严格质量控制和精细处理后的历史温度和盐度剖面观测资料，针对不同区域、网格和不同时段，采用回归分析方法，建立由温度反演盐度的经验回归模型。

$$S_{i,k}(T) = \overline{S_{i,k}} + a_{i,k}^{S_i}\left(T - \overline{T_{i,k}}\right) \qquad (6-3)$$

式中，$\overline{S_{i,k}}$ 为盐度平均值，

$$S_{i,k} = \frac{\sum_{j=1}^{NTS} b_{i,j} S_{j,k}^0}{\sum_{j=1}^{N^{1S}} b_{i,j}} \qquad (6-4)$$

$\overline{T_{i,k}}$ 为温度平均值，

$$T_{i,k} = \frac{\sum_{j=1}^{NTS} b_{i,j} T_{j,k}^0}{\sum_{j=1}^{NTS} b_{i,j}} \qquad (6-5)$$

$a_{i,k}^{s\perp}$ 为回归系数，

$$a_{i,k}^{s\perp} = \frac{\sum_{j=1}^{NTS} b_{i,j}\left(S_{j,k}^0 - \overline{S_{i,k}}\right)\left(T_{j,k}^0 - \overline{T_{i,k}}\right)}{\sum_{j=1}^{N_{i,1}} b_{i,j}\left(T_{j,k}^0 - \overline{T_{i,k}}\right)^2} \qquad (6-6)$$

其中，$T_{j,k}^0$ 为历史温度现场观测数据；$S_{j,k}^0$ 为历史盐度现场观测数据；N^{TS} 为格点、位置 i 附近的观测点个数；$b_{i,j}$ 为局域相关函数，

$$b_{i,j} = \exp\left\{-\left[(x_i - x_j / L_x)\right]^2 - \left[(y_i - y_j / L_y)\right]^2 - \left[(t_i - t_j / L_t)\right]^2\right\} \qquad (6-7)$$

其中，x 和 y 分别为东西和南北的位置；t 为一年中的时间；L_x、L_y 和 L_t 分别为长度和时间尺度。

二、海洋三维温度静态气候场构建

（一）温度网格化静态气候场构建

以 WOA09 产品作为初测场，采用最优插值数据同化技术，利用式（6-1）和式（6-2）同化预处理后的历史温度剖面观测资料，形成水平分辨率为 1/4°、时间分辨率为月平均的温度静态气候场产品。图 6-1 所示为南海的温度静态气候场各月标准偏差垂向分布情况，从图 6-2 中可以看出，南海的温度静态气候场各月标准偏差比较接近，跃层附近的标准偏差最大，约为 1.8℃。图 6-2 所示为南海的温度静态气候场各月标准偏差水平分布情况（从海表面到 1 000 米深度平均），由图 6-2 可见，南海温度的标准偏差在近岸地区较大，在中部区域较小，月变化较小。

利用建立的南海静态气候场产品，将海区内的温度剖面取水平平均，得到温度剖面的垂向分布图，将其与同一海区的 WOA2019 各月的垂向温度剖面结果进行比较（图 6-3）。从图 6-3 中可以看出，改进后的静态气候场温度与 WOA2019 相比产生了轻微变化，主要表现为在 600 米以深深度的温度比 WOA2019 的温度略高（约 0.3Y），而在 600 米以浅

深度，南海各月的温度静态气候场与 WOA2019 温度剖面相近。

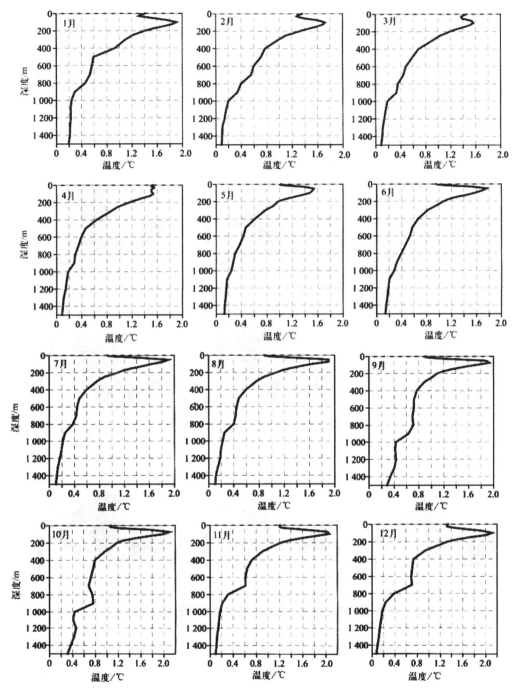

图 6-1 南海温度静态气候场各月标准偏差垂向分布

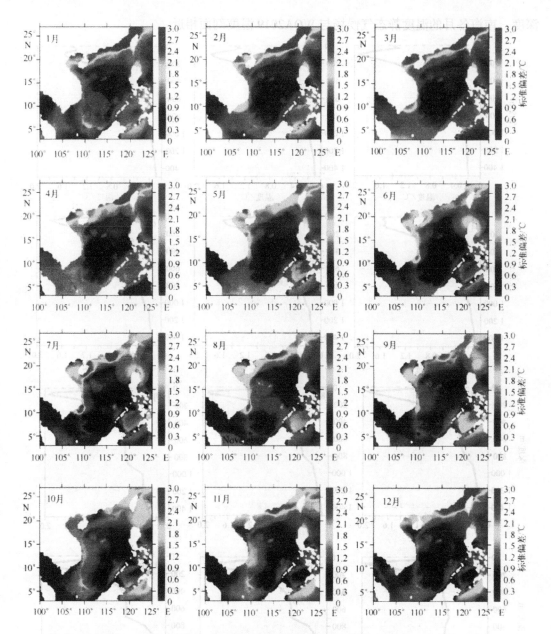

图 6-2 南海温度静态气候场各月标准偏差水平分布 (单位: ℃)

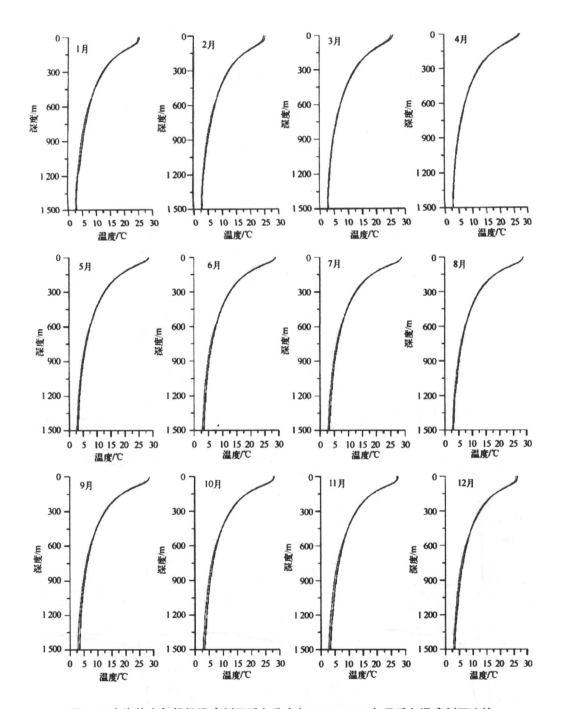

图 6-3 南海静态气候场温度剖面垂向分布与 WOA2019 各月垂向温度剖面比较
——静态气候场温度剖面；——WOA2019 各月垂向温度剖面

（二）盐度网格化静态气候场构建

由式（6-3）至式（6-7）建立温盐相关关系模型，生成网格化不同水深层次的盐度静态气候场产品。图 6-4 所示为南海各月盐度静态气候场标准偏差垂向分布情况，南海地区水深较深，除了在表层标准偏差较大外，在大部分深水层标准偏差很小。图 6-5 所示为南海各月盐度静态气候场标准偏差水平分布情况（从海表面到 1 000 米深度平均），由图 6-5 可知，盐度静态气候场在近岸地区的标准偏差较大，深海区域较小。

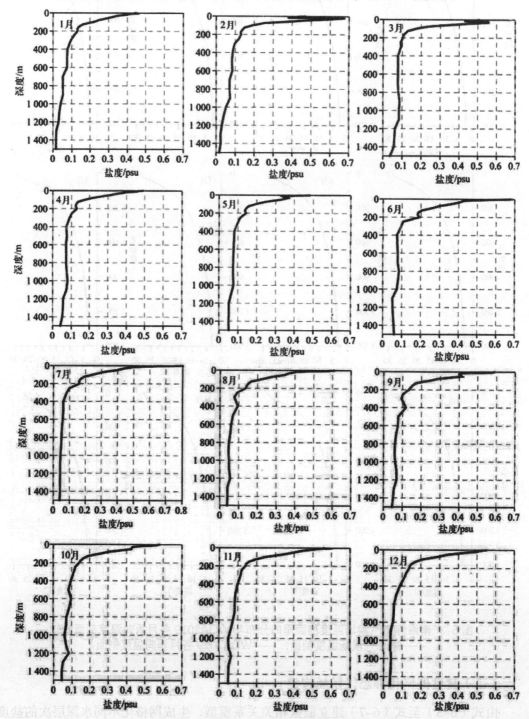

图 6-4　南海盐度静态气候场各月标准偏差垂向分布

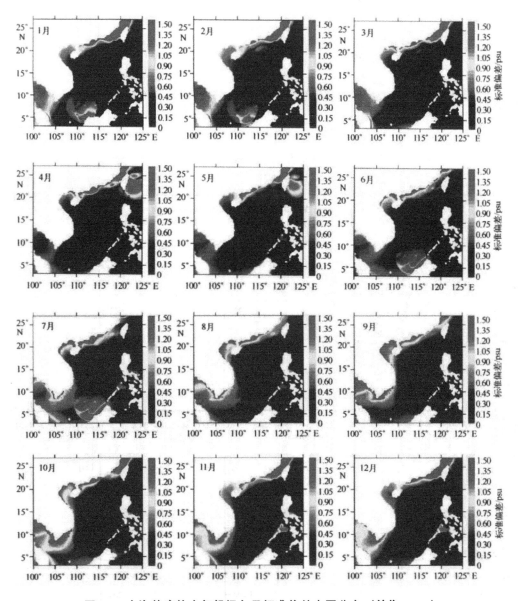

图 6-5 南海盐度静态气候场各月标准偏差水平分布（单位：psu）

利用建立的南海盐度静态气候场产品，将海区内的盐度剖面取水平平均，得到盐度剖面的垂向分布图，将其与同一海区范围的 WOA2019 各月盐度剖面结果进行比较（图 6-6）。从图 6-6 中可以看出，改进后的南海各月的盐度静态气候场与 WOA2019 结果相比也产生了轻微变化，主要表现在 400 米以浅深度与 WOA2019 盐度剖面相比略低（约 0.1 psu），400 ~ 1 000 米之间静态气候场盐度与 WOA2019 盐度剖面相比略高（约 0.05 psu），1 000 米以深深度静态气候场盐度产品与 WOA2019 结果相同。

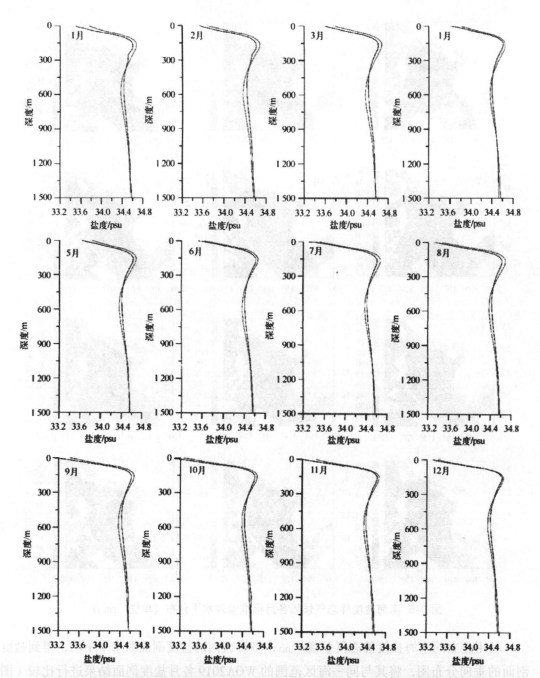

图 6-6 南海静态气候场盐度剖面垂向分布与 WOA2019 各月垂向盐度剖面比较
——静态气候场盐度剖面；——WOA2019 各月垂向盐度剖面

面的量级为小时，将其引入海区范围的 WOA2019 各月垂向剖面的结果进行比较（图
6-6）。从图 6-6 可以看出，盐度静态气候场垂向分布与 WOA2019 各月垂向剖面相
比产生了下移端变化，主要在海底和 400 米以下层位区与 WOA2019 盐度剖面的比较（到
0.1 psu），在 400 ~ 1 000 米之间略为一致的分布与 WOA2019 盐度剖面相比略（为 0.05
~ 1 000 米以深趋势略为一致长为与比较最小反与 WOA2019 较为规则

三、海洋三维温度动态气候场构建方法

在上述水下三维温度和盐度的基本态（即静态气候场）建立的基础上，需要逐步建
立海面信息距平信号与水下信息距平信号之间的相关关系，从而逐步建立卫星遥感海表
温度和卫星观测海面高度向水下扩展海洋三维温度和盐度的模型。

（一）由海表温度扩展温度动态气候场

在对历史资料进行大量严格分析的基础上，建立由海表温度拓展温度剖面的经验回归模型：

$$T_{i,k}(SST) = \overline{T_{i,k}} + a_{i,k}^{T1}\left(SST - \overline{T_{i,1}}\right) \tag{6-8}$$

式中，$T_{i,k}(SST) - \overline{T_{i,k}}$ 即为水下温度信息距平信号；$SST - \overline{T_{i,1}}$ 为海表温度距平信号；$T_{i,k}(SST)$ 为由海表温度拓展的格点 i、深度为 k 处的温度值；$\overline{T_{i,k}}$ 为温度剖面历史平均值；SST 为海表温度；$a_{i,k}^{T1}$ 为回归系数，它由大量的历史温度剖面现场观测数据回归统计出来。

（二）由海面高度扩展温度动态气候场

在对历史资料进行大量严格分析的基础上，建立由海面高度拓展温度剖面的经验回归模型：

$$T_{i,k}(h) = \overline{T_{i,k}} + a_{i,k}^{T2}\left(h - \overline{h_i}\right) \tag{6-9}$$

式中，$T_{i,k}(h) - \overline{T_{i,k}}$ 即为水下温度距平信号；$h - \overline{h_i}$ 为海面高度距平信号；$T_{i,k}(h)$ 为由海面高度拓展的格点 i、深度为 k 处的温度值；$\overline{T_{i,k}}$ 为温度剖面历史平均值；$a_{i,k}^{T2}$ 为回归系数，它由大量的历史温度和盐度剖面现场观测数据回归统计出来；h, $\overline{h_i}$ 分别为动力高度距平 / 偏差及其平均值。动力高度距平 / 偏差由下式计算：

$$h = \int_0^H \frac{[v(T,S,p) - v(0,35,p)]}{v(0,35,p)} dz \tag{6-10}$$

其中，v 为海水比容；v（0,35,p）为海水温度为 0℃、盐度为 35psu 时的海水比容；H 为水深。

（三）由海表温度和海面高度联合扩展温度动态气候场

在对历史资料进行大量严格分析的基础上，建立由海表温度和海面高度拓展温度剖面的经验回归模型：

$$T_{i,k}(SST,h) = T_{i,k} + a_{i,k}^{T3}\left(SST - \overline{T_{i,1}}\right) + a_{i,k}^{T4}\left(h - \overline{h_i}\right) +$$
$$a_{i,k}^{T5}\left[\left(SST - \overline{T_{i,1}}\right)\left(h - \overline{h_i}\right) - \overline{hSST_i}\right] \tag{6-11}$$

式中，$T_{i,k}(SST,h) - \overline{T_{i,k}}$ 即为水下温度距平信号；$SST - \overline{T_{i,1}}$ 和 $h - \overline{h_i}$ 分别为海表温度和海面高度信息的距平信号；$T_{i,k}(SST,h)$ 表示由海表温度和海面高度距平扩展的格点 i、深度为 k 处的温度值；$a_{i,k}^{T3}$,$a_{i,k}^{T4}$和$a_{i,k}^{T5}$为回归系数，它们由大量的历史温度和盐度剖面现场观测数据回归统计出来。

四、海洋三维温度动态气候场构建

（一）海表温度反演温度剖面动态气候场模型

通过对历史资料进行大量严格分析，建立由海表温度反演温度剖面的经验回归模型。在每次分析中只使用在距离分析时间 15 天之内的数据。除非搜索范围超出 2 个长度尺度，否则每次分析至少使用 50 个观测数据，并且除非观测数超过 1 000 个，否则使用在一个长度尺度范围之内的所有观测数据。最终形成水平分辨率为 1/4°、时间分辨率为月、垂向为标准层的由海表温度反演温度剖面的回归系数参数库。利用建立的模型参数库获取各月模型均方根误差的水平分布情况，将海表面到 1 000 米深度的模型均方根误差取垂向平均，得到模型均方根误差的水平分布图。图 6-7 所示为海表温度反演温度剖面动态气候场模型均方根误差水平分布图，从图 6-7 中可以看出，模型误差在 15°～25° N、120°～125° E 之间较大，中部和西部误差较小；季节变化上，夏季的模型误差较大（6 月～10 月），其他季节的模型误差较小。

（二）海面高度反演温度剖面动态气候场模型

通过对历史资料进行大量严格分析，建立由海面高度反演温度剖面的经验回归模型。在每次分析中只使用在距离分析时间 15 天之内的数据。除非搜索范围超出 2 个长度尺度，否则每次分析至少使用 20 个观测数据，并且除非观测数超过 1 000 个，否则使用在一个长度尺度范围之内的所有观测数据。最终形成水平分辨率为 1/4°、时间分辨率为月、垂向为标准层的由海面高度反演温度剖面的回归系数参数库。利用建立的模型参数库获取各月模型均方根误差的水平分布情况，将海表面到 1 000 米深度的模型均方根误差取垂向平均，得到模型均方根误差的水平分布图。图 6-8 所示为海面高度反演温度剖面动态气候场模型的均方根误差水平分布图。从图 6-8 中可以看出，模型误差在 20°～25° N、120°～125° E 之间较大，10°～15°N、100°～110° E 之间误差较小；季节变化上，仍然是夏季的模型误差较大（6 月～9 月），其他季节的模型误差较小。

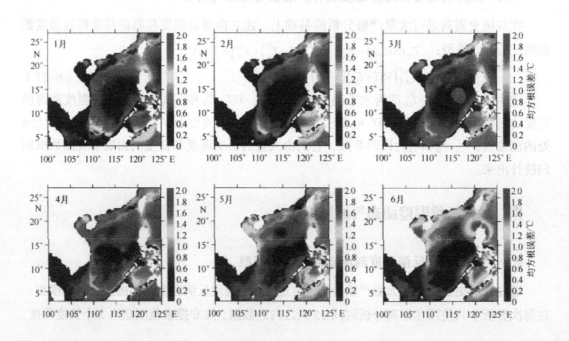

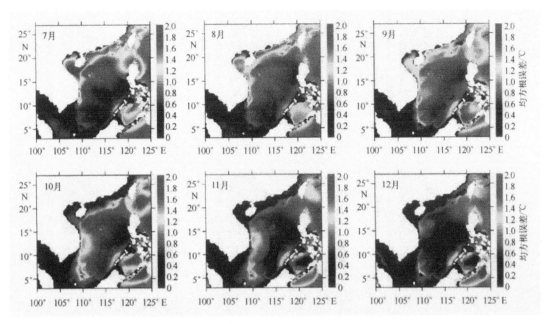

图 6-7 南海海表温度反演温度剖面动态气候场模型均方根误差水平分布图（单位：T）

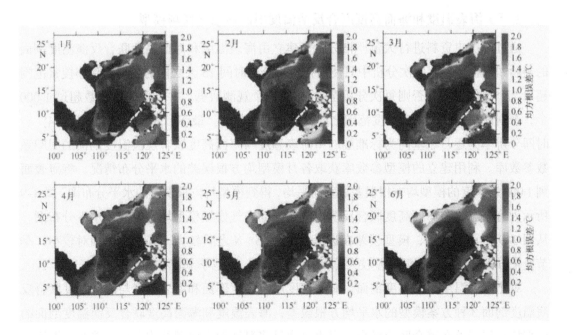

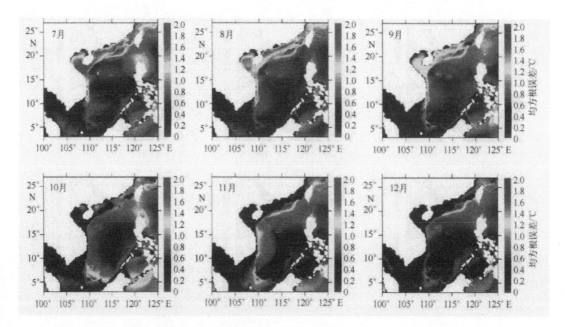

图 6-8 南海海面高度反演温度剖面动态气候场模型均方根误差水平分布图（单位：Y）

（三）海表温度和海面高度联合反演温度剖面动态气候场模型

通过对历史资料进行大量严格分析，建立由海表温度和海面高度联合反演温度剖面的经验回归模型。在每次分析中只使用在距离分析时间 15 天之内的数据。除非搜索范围超出 2 个长度尺度，否则每次分析至少使用 20 个观测数据，并且除非观测数超过 1 000 个，否则使用在一个长度尺度范围之内的所有观测数据。最终形成水平分辨率为 1/4°、时间分辨率为逐月、垂向为标准层的由海表温度与海面高度联合反演温度剖面的回归系数参数库。利用建立的模型参数库获取各月模型均方根误差的水平分布情况，将海表面到 1 000 米深度的模型均方根误差取垂向平均，得到模型均方根误差的水平分布图。图 6-9 所示为海表温度与海面高度联合反演温度剖面动态气候场模型均方根误差水平分布图，从图 3-9 中可以看出，模型误差在近岸 20°～25° N 之间较大，其他区域相对较小；季节变化方面，夏季的模型误差较大（6 月～9 月），其他季节较小。

对比海表温度反演温度剖面、海面高度反演温度剖面和海表温度与海面高度联合反演温度剖面 3 种方案模型的水平均方根误差，海表温度和海面高度联合反演温度剖面的模型均方根误差在整个区域最小，海表温度反演温度剖面模型的均方根误差在深海海域较大，海面高度反演温度剖面模型的均方根误差介于两者之间，因此从整体来看，由海表温度和海面高度联合反演温度剖面模型的精度最高。

3 种方案的模型均方根误差垂向分布情况如图 6-10 所示，图中蓝线为海表温度和海面高度联合反演温度剖面的各月模型误差。从图 6-10 中可以看出，各月由海表温度和海面高度联合反演温度剖面模型均方根误差最大值一般出现在 100～200 米水深处即跃层附近，最大值在 0.8℃ ~ 1.2℃；在跃层以下随着水深增加，均方根误差逐渐变小，在 1 000 m 水深以下一般小于 0.2℃。比较 3 种方案模型均方根误差垂向分布，在近表层由海表温度反演温度剖面方案与由海表温度和海面高度联合反演温度剖面方案模型均方根误差较为接近，由海面高度反演温度剖面方案模型均方根误差较大；在跃层附近及以下水深，由海面高度反演温度剖面方案与由海表温度和海面高度联合反演温度剖面方案模型均方根误差较为接近，由海表温度反演温度剖面方案模型均方根误差大；整体上由海表温度和海面高度联合反演温度剖面模型精度最高。

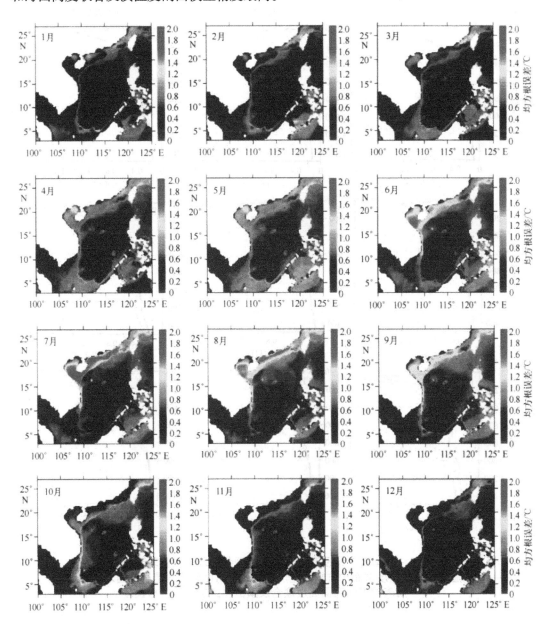

图 6-9 南海海表温度与海面高度联合反演温度剖面动态气候场模型均方根误差水平分布图
(单位：℃)

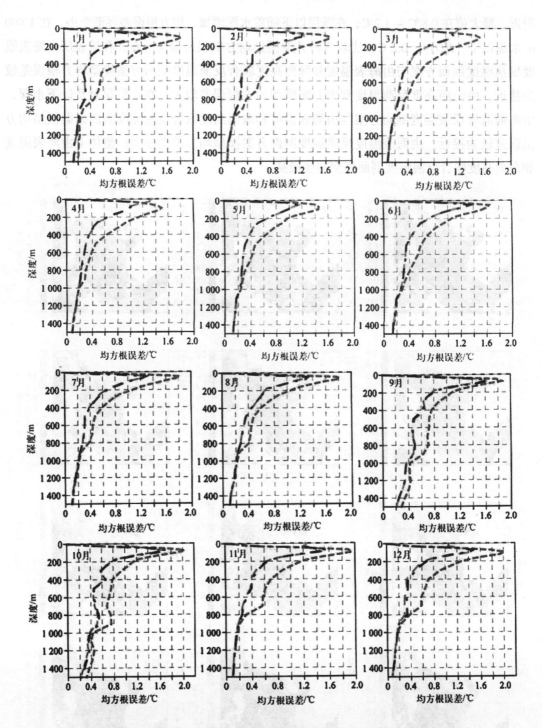

图 6-10 南海 3 种反演温度方案模型各月均方根误差比较
——海表温度反演的温度剖面均方根误差; ——海面高度反演的温度剖面均方根误差;
——海表温度和海面高度联合反演的温度剖面均方根误差

第二节　基于海表温度和海面高度的三维温盐扩展场订正技术

基于海洋数据同化技术，以扩展得到的三维温度和盐度的动态气候场为背景场，同化 GTSPP 等温度和盐度现场观测资料，从而订正三维温度和盐度扩展场，构建三维温度和盐度实况分析场。

一、三维温盐扩展场订正方法

这里采用的数据同化技术是国家海洋信息中心与美国国家海洋与大气管理局（NOAA）地球系统研究实验室（ESRL）共同研发的能够从长波到短波依次快速提取观测系统中的多尺度信息的多重网格三维变分数据同化方法，该方法占用内存小、运算速度快、分析精度高。

在多重网格三维变分数据同化中，可以使用粗网格的目标泛函对长波信息进行分析，使用细网格的目标泛函对短波信息进行分析。将粗网格对应长波模态，细网格对应短波模态。由于波长或相关尺度由网格的粗细来表达，因此背景场误差协方差矩阵就退化为简单的单位矩阵，并在由粗到细的网格上，依次对观测场相对于背景场的增量进行三维变分分析，在每次分析过程中，将上次较粗网格上分析得到的分析场，作为新的背景场代入下次较细网格的分析中，而每次分析的增量，也是指相对于上次较粗网格分析得到的新背景场而言的增量，最后将各重网格的分析结果相叠加，得到最终的分析结果。

二、多重网格三维变分温盐扩展场订正技术

（一）传统三维变分数据同化方法的缺点

对海洋的观测无论在时间上还是空间上都是不够的，因此人们无法根据观测资料给出海洋状态及其变化的合理而精确的描述。数据同化系统可以使用动力模式来对观测信息进行时空上的动力内插，因此可以通过数据同化突破上述限制。自 20 世纪 80 年代中期，人们发展了一系列数据同化方法。

在许多数据同化方法当中，背景场误差协方差矩阵对数据同化结果起着至关重要的作用，因为它决定了被同化观测资料信息的空间延展性。作为数据同化方法的一种，传统三维变分数据同化方法通常采用相关尺度法来构造背景场误差协方差矩阵。然而，不同地点的分析场可能有不同的相关尺度，这种相关尺度很难被很好地估计出来。此外，除非相关尺度足够小，否则背景场误差协方差矩阵的正定性也很难得到保证。另一种构造背景场误差协方差矩阵的方法是采用递归滤波法，这种方法可以很好地保证背景场误

差协方差矩阵的正定性。但是相关尺度法和递归滤波法的二维变分数据同化方法都是静态的，即只能提取某种特定波长的信息，然而如果长波信息提取得不好，短波信息也不可能得到很好的提取。

实质上，传统数据同化方法的上述弊端均来源于其基本假设，它们在理论上均基于概率论中条件概率的贝叶斯公式，即将大气和海洋的物理状态场看成随机变量来处理。例如，将观测场和背景场相对于真实场的差别均认为是随机的，据此估计最大似然的分析场。如果准确知道背景场误差协方差矩阵和观测场误差协方差矩阵，那么采用共轭梯度法经过 N（控制变量的个数）步迭代就可找到最优解。但在实际应用中存在两个主要困难：①背景场误差协方差矩阵的具体形式不能准确知道；②寻找最优解的迭代次数巨大（依赖于控制变量个数）。

但是，现有的观测手段的确可以给出大气和海洋实际状况的某些确定的信息，因此不能将这些信息都看成随机变量。鉴于此，理想的数据同化应该分两步走：第一步是尽可能地由长波到短波依次提取观测场中的确定信息，这一步类似于传统的客观分析；第二步是把剩下的信息当成随机量来处理，通过统计手段计算出背景场误差协方差矩阵，之后采用传统三维变分数据同化方法提取小尺度信息。正是基于上述思想，为了依次快速地提取长波和短波信息，研究人员提出了一种动态的三维变分数据同化方法——多重网格三维变分数据同化方法，用来完成上述的理想数据同化的第一步，该方法集传统的客观分析和三维变分的优点于一身，可以为动力模式提供更合理的分析场。

（二）多重网格三维变分数据同化方法的基本理论

在数据同化中，利用多重网格法求解微分方程时，解的高频振荡模态（短波）比低频振荡模态（长波）收敛得快的特点，可以使用粗网格的目标泛函对长波信息进行分析，而使用细网格的目标泛函对短波信息进行分析。因此，多重网格三维变分数据同化方法中目标泛函应采用如下的形式：

$$J^{(n)} = \frac{1}{2} X^{(n)T} X^{(n)} + \frac{1}{2} \left(H^{(n)} X^{(n)} - Y^{(n)} \right)^T \mathbf{O}^{(n)-1} \left(\mathbf{H}^{(n)} \mathbf{X}^{(n)} - \mathbf{Y}^{(n)} \right) (n=1,2,3,\cdots,N) \quad （6-12）$$

式中，O 为观测场误差协方差矩阵；H 为从模式网格到观测点的双线性插值投影算符；X 代表相对模式背景场矢量的修正矢量，它由变分数据同化中计算出来。令 Y^{obs} 为观测场矢量，Y 为观测场与模式背景场的差值，n 表示第 n 重网格，而

$$\begin{cases} Y^{(1)} = Y^{ob} - HX^b \\ Y^{(n)} = Y^{(n-1)} - H^{(n-1)} X^{(n-1)} & (n=2,3,\cdots,N) \end{cases} \quad （6-13）$$

这里，粗网格对应长波模态，细网格对应短波模态。由于波长或相关尺度由网格的粗细来表达，因此背景场误差协方差矩阵就退化为简单的单位矩阵。最终分析结果就可以表示为

$$X^a = X^b + X_L = X^b + \sum_{n=1}^{1} X^{(n)} \quad （6-14）$$

即以网格的粗细来描述背景场误差协方差矩阵中的相关尺度，在一组由粗到细的网格上依次对观测场相对于背景场的增量进行三维变分分析，在每次分析的过程中，将上次较粗网格上分析得到的分析场作为新的背景场代入下次较细网格的分析中，而每次分析的增量也是指相对于上次较粗网格分析得到的新背景场而言的增量，最后将各重网格的分析结果叠加得到最终的分析结果。

（三）多重网格三维变分数据同化理论的改进和完善

1. $2\Delta x\ wave$ 现象及其克服办法

多重网格三维变分数据同化方法虽然可以依次提取长波和短波信息，但其在具体实现时也有一个自身弊端，即"$2\Delta x\ wave$"或"牛眼"（bull's eye）现象。众所周知，背景场误差协方差矩阵的对角线部分代表了背景场的误差；而非对角线部分代表了网格点之间的相关性，即修正信息的空间延展性。在多重网格三维变分数据同化方法中，背景场的误差信息保留在目标泛函的背景场误差和观测误差的比例关系中，而空间延展性则由网格的粗细来体现。如果有非常精确的观测信息，即观测场的误差为零，则应该完全信赖观测场，而排斥背景场，即在目标泛函中去掉第一项，而空间延展性就保留在网格的粗细程度中，此时 H 标泛函简化为

$$J^{(n)} = \frac{1}{2}\left(H^{(n)}X^{(n)} - Y^{(n)}\right)^{T} O^{(n)^{-1}}\left(H^{(n)}X^{(n)} - Y^{(n)}\right) \tag{6-15}$$

在观测点分布比较均匀且观测质量很高的情况下，运用式（6-15）目标泛函可以得到比较准确的分析场。但是，海洋中观测点的分布通常是非常不均匀的。对于一维问题，如果随机采样观测点在梯度大的地方（例如锋面）分布较少而且位置很接近，那么此处的斜率就会很大，线性插值后为了让观测点处的分析值尽量接近于观测值，网格点上分析值的绝对值就会趋向于很大，从而产生"$2\Delta x\ wave$"的现象，如图 6-11 所示，其实，产生"$2\Delta x\ wave$"现象的根本原因是，锋面实际上代表着一种波长很短的波，而锋面上分布稀少的观测点根本无法描述这种波，因此会导致得到错误的分析结果，解决的办法是将这两个位置很接近的观测点作为一个点来分析即可。与上述一维问题相对应的二维问题中会存在所谓的"牛眼"现象。当然在二维问题中，情况会更加复杂。例如有两个观测点虽然相距较远，但是它们均处在同一个较强的锋面上，且在锋面梯度方向上的投影距离较近，这种情况下就容易产生如上所述的"牛眼"现象。对于三维甚至更高维问题，情况亦如此。

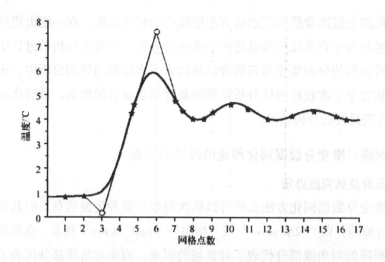

图 6-11 " 2Δx wave "现象

去掉" $2\Delta x\ wave$ "的现象或"牛眼"现象，进而完善该理论的方案有很多。一种方案是减少网格的重数，即只提取长波信息，但这种办法实际上把一些有用的信息丢失了，因为在一些观测资料分布较密集的地方，本来可以提取的短波信息就得不到提取了。另一种方案是在不减少网格重数的前提下减少迭代次数，这样做虽然可以得到较好的分析场，但分析的精度有所下降，而且迭代次数需要人为经验来确定。第三种方案是使用中值滤波等平滑器，以使得分析场尽量地光滑，从而滤除"牛眼"，但这种办法也使得分析精度下降，并存在较强的人为干涉。第四种方案是构造自适应网格的多重网格三维变分数据同化方法，即根据观测数据的分布情况来决定是否进一步加密网格，但试验结果表明，自适应网格加密后得到的结果与均匀加密得到的结果相比，虽然有所改进，但改进不大，且更加耗费计算时间，因此该方案有待进一步研究。第五种方案是使用高阶插值来取代双线性插值，试验结果表明，使用高阶插值的同化结果在边界处不合理。第六种方案是使用平滑项作为惩罚项，即在目标泛函中使用控制变量本身的二阶导数的平方在全空间的积分作为惩罚项，试验证明这是一种行之有效的方法，下面将会详细介绍。

2. 平滑项的意义以及解的唯一性探讨

利用傅里叶变换的巴什瓦(Parseval)定理可以分析该平滑项的物理意义,于是有下式:

$$\iiint\left[\left(\frac{\partial^2 T}{\partial x^2}\right)^2+\left(\frac{\partial^2 T}{\partial y^2}\right)^2+\left(\frac{\partial^2 T}{\partial z^2}\right)^2\right]\mathrm{d}x\mathrm{d}y\mathrm{d}z=\iiint\left(k_x^2+k_y^2+k_z^2\right)^2\left|T^*\right|^2\mathrm{d}k_x\mathrm{d}k_y\mathrm{d}k_z \tag{6-16}$$

式中, T 为海温场; T^* 为 T 的傅里叶变换; k_x, k_y, k_z 分别是在 x, y, z 方向上的波数。由式(6-16)可见,波长越短(波数越大),惩罚项的作用越大;反之,波长越长(波数越小),惩罚项的作用就越小。因此,该平滑项可以在不降低分析精度的前提下,最大限度地滤除小尺度噪声,使问题的解平滑。

进一步的研究发现,加入平滑项的多重网格二维变分数据同化方法的目标泛函,其极小化问题在观测点较少的情况下存在唯一的解。因此，仅由平滑项确定的极小化问题所对应的线性方程组是欠定的。这与通常的直觉是相符的，因为仅有一个平滑项只能限定方程的解平滑，并不能完全确定问题的解。但对于一维问题，如果加进两个观测点，问题的解就可以唯一地确定下来，这是因为 N 个点的一维问题有 N−2 个平滑项作为约束条件，而只剩下两个自由度，所以另外加进两个观测点就等于又加进了两个约束条件，因此解是唯一的。当然，这个论题看起来是很平庸的，因为两点确定一条直线是不争的事实。但是，这里的平滑不是严格满足的，而是作为惩罚项加进目标泛函当中的，因此解的唯一性需要通过讨论极小问题对应的线性方程组的特征而加以证明。

3. 平滑项与递归滤波的关系

由前文分析可以看到，平滑项在目标泛函中处于背景场项的位置上，且其形式也与背景场项极其相似。众所周知，传统三维变分数据同化方法的背景场误差协方差矩阵必须为正定矩阵。而平滑矩阵本身是一种奇异矩阵，那么平滑矩阵和背景场误差协方差矩阵之间究竟存在着什么关系？首先考察一维传统递归滤波三维变分数据同化方法，递归滤波公式如下：

$$\begin{cases} \mathbf{T}_i' = \alpha \mathbf{T}_{i-1}' + (1-\alpha)\mathbf{T}_i & \text{（左行滤波）} \\ \mathbf{T}_i'' = \alpha \mathbf{T}_{i+1}'' + (1-\alpha)\mathbf{T}_i' & \text{（右形滤波）} \end{cases} \tag{6-17}$$

式中，a 为递归滤波系数。

（四）多重网格全三维空间数据同化

传统三维变分数据同化方法在理论上可以做全二维空间分析，但在实际应用中，由于控制变量数目巨大，导致背景场误差协方差矩阵的元素数目巨大（为控制变量的二次方），很难在实际中应用。通常采取的办法是依垂向分层，逐一在各个层次上进行分析。这样做不但忽略了各个层次间的垂向相关，也避免如果各层的观测数据不匹配（如卫星遥感海表温度数据与水下剖面观测数据的不匹配）而导致在垂向上出现虚假的分析梯度。

多重网格三维变分数据同化方法以网格的粗细来描述背景场误差协方差矩阵中的相关尺度，因此该方法不但可以有效依次提取长波与短波信息，而且不必存储并处理巨大的背景场误差协方差矩阵，这使得全二维空间数据同化成为可能，更加有利于对海洋锋三维结构的信息提取。

三、温盐订正场检验

（一）三维温盐空间扩展温盐场订正方法

将二维温度和盐度扩展场作为背景场，采用多重网格三维变分订正方法，选取对应日期前后一段时间窗口内和对应网格位置附近一定空间窗口内的温度和盐度剖面现场观测数据进行同化，订正三维温度和盐度扩展场，构建三维温度和盐度实况分析场。

（二）三维温盐订正场误差统计检验

1. 基于历史资料的检验

将历史温盐剖面现场观测数据随机分为两部分：一部分是待同化数据（约占总数据量的90%）；另一部分是独立检验数据（约占总数据量的10%）。基于上述建立的三维温度和盐度静态气候场以及卫星遥感海表温度和卫星观测海面高度向水下扩展海洋三维温度和盐度的模型，对历史卫星遥感海表温度和卫星观测海面高度数据进行水下扩展，得到温度和盐度的扩展场，采用海洋数据同化技术同化上述待同化的对应日期附近一段时窗内的历史温盐剖面现场观测数据，制作三维温度和盐度订正场。将该订正场插值到对应日期的独立检验温度和盐度现场观测点上，与独立检验温度和盐度现场观测数据进行对比，按月分层统计均方根误差。

2. 基于实时 / 准实时资料的检验

基于上述建立的三维温度和盐度静态气候场以及卫星遥感海表温度和卫星观测海面高度向水下扩展海洋三维温度和盐度的模型，对购买的卫星遥感海表温度和卫星观测海面高度实时 / 准实时数据进行水下扩展，得到温度和盐度的扩展场，采用海洋数据同化技术同化与卫星遥感数据相对应日期及前一段时窗的准实时温盐现场观测数据，制作实时 / 准实时三维温度和盐度订正场。将该订正场插值到对应日期的温度和盐度现场观测点上，与实时 / 准实时温度和盐度现场观测数据进行对比，按月分层统计均方根误差。需要指出的是，由于现场观测数据的接收通常有一天到数天的滞后，因此同化时实际上并未同化待订正日期的温盐现场观测资料，因此将该订正场与对应日期的现场观测资料进行比对属于独立检验。

第三节　基于海表温度资料和卫星遥感的高度计资料的协调同化

卫星遥感技术的迅猛发展，提供了更为丰富的海洋观测数据，也为海洋资料同化开启了新的研究领域。相对于传统的浮标或潜标观测资料，卫星遥感资料具有覆盖全球、高分辨率、能及时获取的优点，因此对于业务同化应用有较高价值。然而，卫星对海洋的观测只局限于表层或者近表层。例如最广泛应用的海表温度（SST）资料，如果直接放到同化函数中，不做其他动力或统计的考虑，观测资料的效应将很快被耗散，同化难以达到预期效果。在海洋卫星遥感资料的同化中，垂向投影技术一直是研究的重点问题。

目前，单变量的卫星遥感资料的垂向投影同化技术研究较多。然而，随着卫星遥感资料种类的丰富，一个同化系统中必然涉及多种遥感资料的同化。多变量的垂向投影同化技术成为我们需要考虑的问题。

从产生平衡的初始条件的目的出发，资料同化中关注较多的是多变量的背景误差协方差矩阵设计问题。例如在集合卡曼滤波（EnKF）同化中，利用经验正交函数在一个约化的子空间计算误差协方差，可以得到较为复杂的多变量协方差结构。在实际同化应用中，最为普遍的方法还是直接引入动力约束关系，如地转关系、非线性温盐关系等。变量约束关系的引入，既有利于海洋模式的平衡，也是对资料信息的进一步挖掘，能产生更好的预报结果。对于变分同化来说，动力约束关系可以在代价函数中较为自然地引入，因此是动力约束同化方案的最好载体。

国家气候中心正在发展的第二代全球海洋资料同化系统，是建立在三维变分（3DVAR）的框架上的，因此本研究选用该系统进行高度计和SST资料的同化方法试验。BCC_GODAS2.0选用的状态变量是温度和盐度，其代价函数中背景项有2项，分别是温度和盐度，观测项包括海面高度项和SST项。第3项观测项是ARGO和GTS上的温盐廓线观测，由于这项与本文研究内容无关，在试验中我们关掉了此项，其效应在此不做考虑。SST的观测项是用统计关系进行垂向相关投影。海面高度的观测项中，引入了动力高度计算公式约束温盐的调整。然而应该注意到，动力高度公式是表示海表到约1 000米深度的温盐的积分关系。也就是说，这个公式只能约束0 ~ 1000米的温盐的积分值，因此在我们求解代价函数的计算过程中，各层的温盐的调整是无序的。一般情况下是假定观测背景误差协方差是空间不相关的，因此它对各层温盐无法约束。而背景误差协方差虽然有垂向分量，但是它只能通过分析变量对各层关系做间接的很弱的约束。背景误差协方差很难准确表示变量的真实相关关系。针对这个问题，我们提出一种新的同化方案。该方案将SST的观测项并入海面高度观测项中。海面高度的一部分，确切说是上层海洋部分，由SST决定。因此，至少在SST的统计关系能影响到的深度的上层海洋，在代价函数的求解过程中，温盐的调整是受较强的统计关系约束的，而这种统计关系的有效性已经在很多SST的同化试验中被其他学者广泛应用并证明。利用此方法，对AVHRR海表温度和T/P高度计两种资料进行同化试验，通过各种独立资料的检验，验证了该方法的可行性。

一、模式及资料介绍

本文研究所用的MOM4模式使用了全球Tripolar格点，纬向分辨率约为1°，经向分辨率在29°30′S ~ 29°30′N间的区域从赤道（1/3）°渐变至1°，其他区域为1°，模式垂向分为50层，5 ~ 225米以10米间隔等间距分层。225米以下的层次呈不等距分布，深度越深，间隔越大，变幅从11米增至366米。洋底地形数据集采用的是72°S ~ 72°N之间区域的卫星数据、美国NOAA的5′全球地形数据（ETOPO5）以及北冰洋世界海底地形图（IBCAO）三者的综合数据资料，模式最深处到达 5 500 米。动力学和热力学条件采用美国环境预报中心（NECP）的月平均再分析资料和大气的海温驱动资料。

为验证高度计资料和海表温度资料的协调同化方案，本文用于同化的观测资料有2种：一种是海表温度资料，另一种是高度计资料。同化中使用的是 Altimeter Ocean Pathfinder TOPEX/Poseidon 9.2 版数据集的沿轨卫星高度计海表动力高度资料，其空间分辨率为 6km。将资料沿轨道做 3 次五点滑动平均后插值到 60km 间隔上，以避免资料过密使同化时矩阵条件数过大、不易收敛的问题。系统中同化的卫星海表温度观测资料是 NOAA/NASA 的 AVHRR 海表温度（SST）数据，此数据源自 NASA 的 JPL（National Aeronautics and Space Administration Jet Propulsion Laboratory）数据中心（http：//podaac.jpl.nasa.gov/），本文所采用的数据为其 216 号产品——AVHRR Pathfinder SST 5 版本中日平均升轨的平均数据（以下简称 AVHRR SST），该数据的水平分辨率为 4km。根据 NASA 提供的 AVHRR 质量控制文件，分为 0 级（最差）~ 7 级（最好）。本文选取质量等级为 1 级（含）以上的 SST 数据。

二、同化方案

本文基于 MOM4 海洋模式建立了一个全球海洋资料同化系统，该系统采用三维变分方法，可以同化的观测资料包括中国气象局 GTS 线路上的温盐资料、ARGO 资料、卫星遥感 SST 资料、卫星遥感高度计资料等。

同化分析过程分为两步。第一步是在沿卫星高度计轨道的剖面上同化高度计和 SST 观测资料。高度计观测垂向投影采用下面的动力高度计算的约束关系：

$$h(T,S) = -\int_0^{z_m} \frac{\rho(T,S,Z) - \rho_0(T_0,S_0,Z_0)}{\rho_0(T_0,S_0,Z_0)} \qquad (6\text{--}18)$$

其中 T_0 和 S_0 是参考温度和盐度，分别为 0℃和 35‰，Z_0 是参考深度，取为 1 000 米。T、S、ρ 分别代表温度、盐度和密度，Z_m 表示不动层深度（本文中取 1 000 米）。海表温度只在混合层中投影，根据混合层中温度沿深度相关性构建投影算子，在海表观测 SST 与模式温度相关性为 1，相关性按温度沿深度递减率建立，在实际计算中当相邻两层温度递减率高于 0.6 时，认为相关为 0。SST 和海表高度如果分别作为独立的观测项进入代价函数，需要定义各自的观测误差协方差矩阵，定义不合适常常会引入额外的误差。因此，我们用 SST 垂向投影得到的温度和通过温盐约束关系得到的盐度计算混合层动力高度 hc。总的动力高度，即模式长期积分得到的平均动力高度和高度计观测的海表高度异常之和，等于混合层下的温盐计算的动力高度 h 和 hc 之和。hc 的深度完全由 SST 的投影深度决定。代价函数如下，其控制变量为 T、S：

$$J = \left(T - T_b\right)^T E_T^{-1}\left(T - T_b\right) + \left(S - S_b\right)^T E_S^{-1}\left(S - S_b\right) + \left(h(T,S) + h_c\left(T_s, S(T_b)\right) - h_m - h_o\right)^T O^{-1}\left(h(T,S) + h_c\left(T_s, S(T_b)\right) - h_m - h_o\right)$$
(6-19)

式中，T、S 分别是温度、盐度向量分析场；T_b、S_b 分别是由模式得到的温度、盐度背景场；h_m 是由模式得到的平均海表动力高度；h_o 是由卫星高度计资料得到的海面动力高度异常；H 表示温盐计算得到的海表动力高度；O 为观测误差协方差矩阵；E_T 和 E_S 分别为温度和盐度的背景误差协方差矩阵；h_c 为卫星遥感海表温度投影计算得到的动力高度约束；T_s 是 SST 观测值。

这个方法最显著的优点是，卫星遥感观测的 SST 不但能通过垂向相关投影影响上层的温度，并且能通过动力高度约束项 hc 约束下层的温盐分析。一般 SST 的直接投影到达的影响深度只有 100 米左右，但是本方法通过动力高度的计算，将 SST 影响进一步向下投影，扩大其影响深度到 1 000 米。其次，该方法对于 2 种观测资料，只需要定义一个观测误差协方差矩阵，降低了人为因素影响的风险。

第二步，对于每一个模式水平层，求下面代价函数的极小值。

$$J = \left(T - T_b\right)^T B_T^{-1}\left(T - T_b\right) + \left(S - S_b\right)^T B_S^{-1}\left(S - S_b\right) + \left(HT - T_O\right)^T O_T^{-1}\left(HT - T_O\right) + \left(HS - S_O\right) O_S^{-1}\left(HS - S_O\right)$$
(6-20)

其中 T 和 S 分别是一水平层上的温度、盐度向量分析场；T_b、S_b 分别是由模式得到的一水平层上的温度、盐度向量背景场；T_O 和 S_O 分别是水平层上温度和盐度的"伪观测"向量；B_T 和 B_S 分别是该水平层上温度、盐度的背景误差协方差；O_T 和 O_S 分别是该水平层上温度、盐度的观测误差协方差；H 为观测算子，是一个双线性插值算子。

背景误差协方差采用高斯型，形式如下：

$$B = A \exp\left(-\frac{\Delta x^2}{L_x^2} - \frac{\Delta y^2}{L_y^2}\right)$$
(6-21)

其中 A 为背景误差方差，对于温度取 2.0，盐度取 0.15‰。Δx 和 Δy 为两水平点在 x 和 y 方向上的距离；Lx 和 Ly 表示不相关尺度，对于温度取 Lx = 450km、Ly = 650km，对于盐度取 Lx = 420km、Ly = 510km。温度、盐度的观测误差方差分别取 0.1、0.05。

三、同化结果分析

本文选择的比较资料为 NCEP 的海表温度再分析资料 OISST_V2（简称 OISST）、TOGA/TAO（in-ternational tropical ocean and global atmosphere/tropical atmosphere ocean）阵列中的海温观测以及美国马里兰大学的 Simple Ocean Data Assimilation 海洋再分析数据集（简称 SODA）。

从 2015 年 ~ 2019 年这 5 年平均的温盐分布（图 6-12）来看，同化后的 SST 与

OISST 整体分布非常相近，模拟的结果在赤道西太平洋暖池地区存在一个明显的 30℃ 高温区，同化后此高温区消失。同化后 27℃ 等温线较同化前也明显地平滑，整体分布均和 OISST 观测结果接近。盐度的改善体现在南、北副热带海域的高盐区，在这些区域模拟的盐度普遍偏高，最大能达到 37‰，同化之后盐度的分布与 SODA 资料集更加吻合。温盐的偏差分布（图 6-13）较明显地体现出同化系统的作用。同化温度前，在西北太平洋日本岛附近，大西洋西北部北美洲东岸，印度洋南部和太平洋南部存在温度的偏差大值区，最大的偏差值有 5℃ 甚至以上，经过同化后，这些偏差大值均被有效减小，全球 SST 海温与 OISST 的观测结果基本控制在 ±2℃ 之间，虽然在日本岛东部地区和北美洲东岸仍有一些偏差较大值存在，但比起模拟，该区域的偏差值减小得很多，且偏差绝对值的最大值也降到 3.5℃ 以内。这些局部地区（包括高纬地区）同化改善不大的原因，可能是卫星遥感资料在这些地方缺测较多或者质量不好。首先，这两种遥感资料在 60° 以外的较高纬度都没测量。其次，我们同化所用的 AVHRR 海表温度资料是红外资料，受云的影响，会有相当部分缺测。受潮汐影响，高度计资料在近岸效果也不好，导致我们的同化结果在这些地方提高有限。如何提高这些地方的同化效果是今后的工作中要重点考虑的问题。模拟与 SODA 的盐度偏差几乎大部分区域都在 ±1‰ 以上，特别是在赤道东太平洋、印度洋和大西洋，盐度的最大偏差能达到 ±2‰ 甚至以上，同化后这些偏差大值区基本控制在了 ±0.8‰ 以内，盐度有如此好的改善作用，一部分原因也是由于模式模拟盐度偏差本身就比较大。

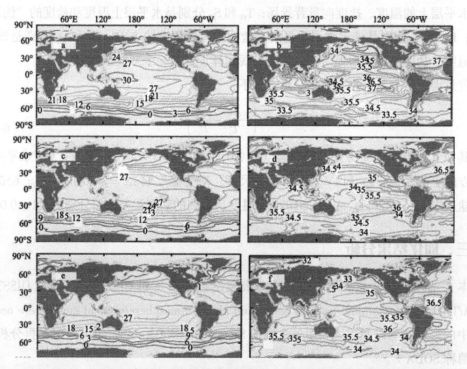

图 6-12 2015-2019 年平均的温度（℃）、盐度（‰）的海表分布
a. 温度的模拟结果；b. 盐度的模拟结果；c. 温度的同化结果；d. 盐度的同化结果；e.OISST；f.SODA

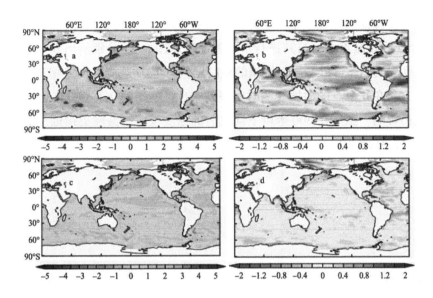

图 6-13 2015-2019 年平均的海表温度（℃）、海表盐度（‰）偏差分布图
a. 模拟温度与 OISST；b. 模拟盐度与 SODA 盐度；c. 同化温度与 OISST；d. 同化盐度与 SODA 盐度

垂向海温用模拟、同化和 SODA 再分析资料集进行比较，图 6-14a、b 分别是模拟与 SODA、同化与 SODA 的温度和盐度偏差图。可以看出，同化后整体的温度偏差要比模拟的平均小 0.5℃，同化后盐度的整体偏差较同化前降低 0.2‰，在 300 米以上区域都有比较好的改善，在 300 米以下南北纬 30° 之间的区域改善不大。尽管改进了垂向投影方法，对 100 米以下次表层的改善有所提高，但是海洋中下层的改善仍然有赖于次表层观测资料的加入，仅靠在表层观测的海洋遥感资料，难以得到海洋整层的完美调整。

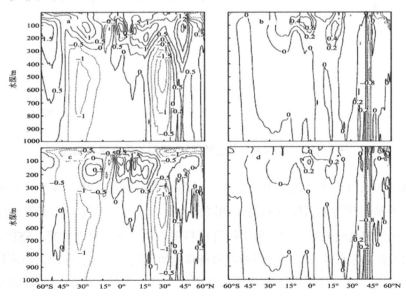

图 6-14 2015-2019 年平均温度（℃）、盐度（‰）沿纬向平均的垂直剖面
a. 模拟温度 –SODA 温度；b. 模拟盐度 –SODA 盐度；c. 同化温度 –SODA 温度；d. 同化盐度 –
SODA 盐度

为了进一步验证同化在热带太平洋地区对温度的改善情况，将模拟与同化结果插值到 TOGA-TAO 的观测点上，与其进行单点的比较。图 6-15 分别给出 6 个不同时次 6 个位置上的温度廓线图。可以看出，模拟的温度偏差与 TAO 观测的偏差相对较大，特别是在温跃层下方，在几个点的温度观测时间序列中也证实了同化对 300 米以上海域的温度场产生了正面影响，虽然在 300 米以下同化后的温度较模拟温度更接近于观测温度，但偏差还是较大，有待改进。

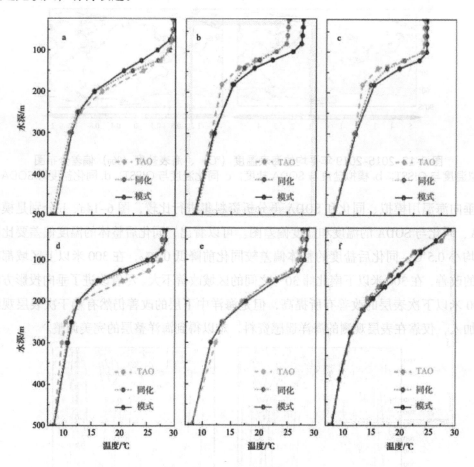

图 6-15 试验结果与独立的 TAO 资料的垂直温度廓线

本文基于国家气候中心正在发展的新一代海洋资料同化系统，该系统发展了卫星高度计资料和卫星遥感海表温度资料的协调同化方案。该方案首先考虑了卫星遥感的海洋观测资料同化中的垂向投影问题。对高度计资料引入动力垂向投影方案，SST 资料采用统计相关垂向投影。方案进一步考虑两种观测资料的协调同化问题，在动力高度计算项里，将 SST 观测作为一个强约束引入到代价函数中。这种方案使 SST 的垂向投影深度增加，动力上也和高度计更为协调，并且还简化了运算，对于两种观测资料，只需要定义一个观测误差协方差矩阵。

利用本文发展的同化方案，对 T/P 高度计资料和 AVHRR 海表温度产品进行了全球的 5 年资料同化试验，分别用 TAO、OISST 和 SODA 数据集检验同化效果。试验结果证明，通过对卫星遥感资料的同化，能够有效改进对海洋温度和盐度的估计。海洋表层的月平均温、盐度的总均方根误差相对同化前分别降低了 0.67℃和 0.2‰，尤其对热带太平洋暖池地区海域和东、西沿岸地带的温度、盐度场的修正比较显著。在混合层中同化效果较好。对于近岸或高纬的结果改善，应该更多地依赖于浮标资料的同化。

第四节 结合数值模式的海洋遥感数据时空扩展技术

一、基于区域海洋模式系统的三维温盐场时空扩散方法研究

基于区域海洋模式系统（Regional Ocean Modeling System，ROMS），构建合适的模式强迫场、边界条件，以上述经订正后的实况分析场作为初始场输入 ROMS 模式，通过模式的数值计算实现遥感数据的时空扩展，进而获取动力匹配的三维海洋动力环境场.

（一）ROMS 数值模式简介

ROMS 模式是三维非线性斜压原始方程模式，由 Rutger 大学与加州大学洛杉矶分校（UCLA）共同研究开发。ROMS 使用了新的高阶水平压力梯度算法，融合了亚网格参数化方案、生物地球化学模块和同化模块等。

ROMS 模式方程采用了 Boussinesq 近似和流体静力近似的 N–S 方程，在笛卡尔坐标系的表达式为

$$\frac{\partial u}{\partial t} + v \cdot \nabla u - fv = -\frac{\partial \varphi}{\partial x} + F_u + D_u \tag{6-22}$$

$$\frac{\partial v}{\partial t} + \vec{v} \cdot \nabla u + fu = -\frac{\partial \varphi}{\partial y} + F_1 + D_t \tag{6-23}$$

$$\frac{\partial T}{\partial t} + \dot{v} \cdot \nabla T = F_T + D_T \tag{6-24}$$

$$\frac{\partial S}{\partial t} + i \cdot \nabla S = F_S + D_S \tag{6-25}$$

$$\rho = \rho(T, S, P) \tag{6-26}$$

$$\frac{\partial \varphi}{\partial z} = \frac{-\rho g}{\rho_0} \tag{6-27}$$

$$\frac{\partial u}{\partial x} + \frac{\partial v}{\partial y} + \frac{\partial w}{\partial z} = 0 \tag{6-28}$$

式中，$\bar{v}$ 为流速向量，$\bar{v} = (u, v, w)$；f 为科氏参数；g 为重力加速度；φ 为动力压力；ρ_0 为水的参考密度；ρ 为水的局地密度；T 为温度；S 为盐度；D_u, D_v, D_T, D_s 为耗散项；

F_u、F_v、F_T、F_s 为强迫项。

初始条件为流速和水位为零，即 $u(x, y, z, 0) = 0$、$v(x, y, z, 0) = 0$、$w(x, y, z, 0) = 0$ 和 $\zeta(x, y, z, 0) = 0$。

（二）基于 ROMS 模式的时间扩展

将上述由海面高度和海表温度等遥感数据垂向扩展获得的逐目的三维温度和盐度实况分析场，作为每天初始时刻的模式初始场。输入上述 ROMS 模式进行积分，获得每天的水位及三维温盐流相互匹配的模式积分结果，从而进一步实现遥感数据的时空扩展。

二、ROMS 模式开发与参数调整

研究所选用 ROMS 模式使用的坐标系统称为 S 坐标，该坐标系统在设计上较弹性，可以方便地对不同的研究现象在表层或低层加密，进而增加计算网格的解析度，对于本节中包含水深变化较大的区域，可以改善不连续网格所造成的计算误差。目前，研究主要在 ROMS 模式的垂向湍流混合参数化方案、水平黏性系数和水平扩散系数的选取、开边界条件给定、潮混合效应等方面进行应用开发。

（一）垂向湍流混合参数化方案

ROMS 模式包含了 Large 等提出的 "K- 剖面参数化方案"（K-Profile Parametera-li-on, KPP）。其中的涡度扩散系数和涡度黏性系数由 "Monin-Obukhov 相似理论" 给出。使用 KPP 方案的优势主要体现在模式的上边界层和底边界层。在该方案中，湍通量由沿梯度（down-gradient）部分和非局地（nonlocal）部分组成，即：$\overline{-ux} = K_x(\partial_x X - \gamma_x)$，$K_x(\sigma) = hw_x(\sigma)G(\sigma)$，其中的非局地标量通量 γ_x 由 DearDorff 公式得到，沿梯度涡度扩散系数 K_x 由边界层厚度、随深度变化的湍流速度尺度和一个经验的无量纲垂直剖面函数决定。在远离两个边界层的部分，KPP 模式主要考虑了与流场剪切、内波破碎、双扩散等引起的湍流混合。

（二）水平黏性系数和水平扩散系数的选取

在本研究中，ROMS 模式的水平黏性系数和水平扩散系数采用两步计算。

第一步，采用 Smagorinsky 的非线性方案：

$$A_M = C\Delta x\Delta y\left[\left(\frac{\partial u}{\partial x}\right)^2 + \frac{1}{2}\left(\frac{\partial v}{\partial x} + \frac{\partial u}{\partial y}\right)^2 + \left(\frac{\partial v}{\partial y}\right)^2\right]^{\frac{1}{2}} \tag{6-29}$$

$$A_H = 0.4\,A_M \tag{6-30}$$

式中，A_M 为水平黏性系数；A_H 为水平扩散系数；C 为常数，一般取值为 0.1 ~ 0.2，若网格足够小，也可以取 0。

第二步，根据局地格点的大小调整水平黏性系数和水平扩散系数。采用上述水平黏性系数和水平扩散系数可以较为有效地提高模式的稳定性。

（三）开边界条件

正压流速采用 Flather 边界条件，三维斜压流速和温盐场采用 Orlanski 辐射加"轻推"（Nudging）边界条件。使用这种组合，外海潮波信息可通过边界水位和正压流速进入模型区域，外海引入的水通量和温盐通量可以通过边界三维流场和温盐场进入模型区域，模型区域产生的流场也可以通过边界流出。其优点是既保证了模型内外信息交换的畅通，又使边界区域计算比较稳定。

（四）潮混合效应

潮流的周期运动对近海的湍流混合具有重要影响，是形成近海海温潮汐锋的重要动力因素。研究表明，如果不考虑潮流因素，难以计算近海的温度潮汐锋。ROMS 潮汐边界强迫采用 TPX07 海面高度、潮流东西分量 U、潮流南北分量 V。考虑 10 个分潮组合，分别是 M2、S2、N2、K2、K1、O1、P1、Q1、M1 及 Mm。

第七章 大数据技术在海洋中的应用

第一节 在海洋生态环境监测中的应用

海洋生态环境是海洋生物生存和发展的基本条件，生态环境的任何改变都有可能导致生态系统和生物资源的变化。由于海洋生态环境在复杂的海洋动力下时空变化大，采用昂贵的调查船进行海洋生态环境实时监测几乎不大可能。随着遥感技术的发展，卫星已经应用于海洋环境因子的监测，同时显示出遥感具有大范围、多时相、高分辨率的特点，在海水温度、叶绿素、悬浮泥沙、黄色物质浓度和化学需氧量等监测方面能发挥重要的作用。

一、海洋水质监测中的应用

快速的经济发展已经给海岸带和海洋造成巨大的环境压力，社会经济发展和环境恶化的矛盾日趋突出，海洋水环境问题已成为沿海经济发展的"瓶颈"。沿海污染物排海量剧增，使得邻近海域生态环境恶化，海域服务功能的下降与可持续利用能力的降低，已渐成为制约沿海地区经济进一步发展的重要因素。由于陆源性污染得不到有效控制和对海洋的掠夺性开发造成我国近岸水质恶化加剧，近岸海域污染严重，赤潮灾害多发，突发性事件的环境风险加剧，遥感以其大面积同步获取数据的优势，在沿海水质应用中具有巨大的应用潜力。

（一）海洋水质遥感监测方法

水质参数遥感监测主要依据被污染水体具有独特于清洁水体的光谱特征，这些光谱特征体现在其对特定波长的吸收或反射，能够为遥感器所捕获并在遥感影像上体现出来，通过分析水体吸收和散射太阳辐射能形成的光谱特征实现。随着对物质光谱特征研究的深入，遥感在水质指标中的研究应用从最初单纯的水域识别发展到对水质指标进行遥感监测和制图，监测的水质指标包括悬浮物含量、水体透明度、叶绿素 a 浓度、黄色物质、水中入射与出射光的垂直衰减系数等。利用不同物质之间的相关关系间接进行遥感分析，还可以获得溶解性有机碳（DOC）、溶解氧（DO）、化学需氧量（COD）、五日生化需氧量（BOD5）、总氮（TN）、总磷（TP）等水质参数以及一些综合污染指标，如营养状态指数等。随着遥感可监测指标的日益丰富，水质遥感监测成为常规水质监测中的一项重要手段，由单项指标的监测发展到对水质综合遥感评价，并且进入遥感水质监测的业务化阶段。

水质参数定量化遥感监测的方法主要有 3 种：物理方法、经验方法和半经验方法。物理方法是基于辐射传输理论，利用水体中各组分的特征吸收系数和后向散射系数，并通过各组分浓度与其特征吸收系数、后向散射系数相关联，反演水体中各组分浓度；经验方法是通过建立遥感数据与地面监测的水质参数值之间的统计关系外推水质参数值；半经验方法是将已知的水质参数光谱特征与统计模型相结合，选择最佳的波段或波段组合作为相关变量估算水质参数值的方法。

（二）海洋水质遥感评价方法

在海洋水质监测中，需要根据水质分类标准来对水体的质量做出评价。按照海域的不同使用功能和保护目标，将海水水质分为四类。根据分类的不同，各海域对应的水质标准也有不同。

1. 第一类

适用于海洋渔业水域、海上自然保护区和珍稀濒危海洋生物保护区。

2. 第二类

适用于水产养殖区、海水浴场、人体直接接触海水的海上运动或娱乐区以及与人类使用直接有关的工业用水区。

3. 第三类

适用于一般工业用水区、滨海风景旅游区。

4. 第四类

适用于海洋港口水域、海洋开发作业区。

水质评价即水环境质量评价，是按照评价目标，选择相应的水质参数、水质标准和计算方法，对水质的利用价值及水的处理要求做出评定。随着对海洋水体光谱特征研究的深入、遥感算法的改进以及卫星传感器技术的进步，遥感监测水质已从定性发展到定量，从最初单纯的水域识别发展到对遥感海洋水质指标进行评价。根据我国已经颁布的环境质量标准或国内外相应的环境质量标准，并在国内外同行专家认可的且已有应用实例的阈值基础上，确定遥感海洋水质评价标准。

二、海洋缺氧区调查中的应用

缺氧（hypoxia）是指水环境中氧被大量消耗使氧含量处于较低水平的状态，不同学者给出了不同的指标定量值,使用较多的是定义水体中的溶解氧含量 < 3.0 mg/L 或者 < 2.0 mg/L 为缺氧状态。缺氧现象的存在和发展是水体的自然物理条件和富营养化共同作用的结果，当水体氧含量低至缺氧状态时，生态状况急剧恶化。缺氧区调查多采用原位检测的办法，而原位数据与遥感数据的结合有助于发挥两方面的优势，充分利用遥感技术的实时性强、效率高、时间连续性好、数据量大、观测范围广等优势来加深对缺氧区的理解。

长江口的低氧现象在 20 世纪 60 年代的调查中得到确认，21 世纪初期的调查进一步发现长江口的季节性低氧事件存在着日趋严重的趋势，同样的结论也在分析 1975 ～ 1995 年的断面资料中得到。低氧现象是长江口季节性的环境问题，UWEP 在 2006 年的正式报告中将长江口列为新增的低氧区。长江口外海是重要的经济性渔场和我国发展海洋经济的主要区域，台风、赤潮和季节性的低氧是该地区主要的灾害事件。一般认为长江冲淡水的注入使这一海区形成强烈的温盐跃层，阻止了上层富氧水体向底层的扩散，加之上层丰富的初级生产产生的大量颗粒有机碳向底层输运，并在底层发生化学与生物氧化耗氧是形成长江口低氧区的主要原因。

长江口与世界上其他河口低氧区域相比，具有最大的流量和营养盐输出，11 天左右的水体存留时间以及较强的水体层化。长江口的冲淡水叠加到北上的台湾暖流之上，在夏季形成较强的水体层化，是长江口外海低氧现象的物理因素。长江携带的大量营养盐、表层富营养化是长江口外海低氧的化学因素。低氧的形成主要是有机碎屑物的分解，有机物除了长江河流的输入和本地死亡的生源藻类外，还有来源于底层藻类或者该区域南部的颗粒物。因此，长江口外海低氧除与该区域生源有机物及河流携带的有机物沉降到底层水体有关，也与台湾暖流和水下地形有关。研究人员分析了 2006 年的航次数据后，通过建立 AOU 与 POC、PIN、DIN 之间的相关性，认为有机物沉降分解导致低氧。长江口的低氧现象在时间和空间位置上有年度变化特点，初始于初夏，在 8 月达到极值，在空间上呈现出南北南这样的趋势。

在低氧遥感监测方面，研究人员利用 log（surface chlorophyll）> 0.5 和表面温度 > 30℃，建立表层叶绿素和底层溶解氧之间的关联，认为对低氧空间分布判读的置信度为 0.766。Eldridge 和 Roelke 探讨了季节性的浮游生物动力学与河流营养盐与 Louisiana 大陆架低氧之间的联系。Forrest 等建立了陆架低氧事件中的多参数回归模型，特定区域的低氧模型可更好地理解该区域的低氧现象。从已有的调查资料看，海表 Chi a 值大于 3 mg/L 所占的百分比与海底缺氧面积具有很好的相关性，$R2$ 达 0.85。而大于均值的海表 Chi a 所占百分比与海底缺氧面积无较好的相关性。在长江口浮标的低氧观察过程中，底层有机物的增加是底层低氧的主要因素。另一方面，该海区 GOCI 遥感观察到的表层叶绿素含量与水柱中潜标（10 m 和 20 m 水深处）观测到的叶绿素之间具有良好的对应关系。

在长江口低氧监测过程中，设定有一个已知的观察点，该点反映了观察点位置上真实的温度、溶解氧和叶绿素的涉及海面、水体和海底的测量值。结合遥感叶绿素均值图像数据，利用该模型，分析 2019 年夏季长江口外低氧现象的演化过程。

中低风速似乎不能破坏密度跃层，而密度跃层的生成是低氧形成的物理基础，台风会对河口和近岸的低氧现象产生影响，夏季盐度分层和低氧仅仅在强风条件或者秋季热带风暴开始之后才能被破坏。在台风过境前，浮标所在处底层溶解氧水平保持在 3.2 ~ 3.5 的水体，总体平稳。台风过境时，浮标观察到的低氧出现短时间的低值，从 2019 年 8 月 6 日 16 时 25 分至 8 月 7 日 4 时 25 分，续而迅速上升至 5 ~ 6 级，在 8 月 7 日 7 时 25 分左右达到最高值 6.2 级。台风期间，上升流速也达 2×10^{-4} m/s，约为无台风时期的 10 倍左右，正是在强烈的上升流和下降流以及垂直混合的作用下，上下不同层位的水体发生了强烈的混合作用，跃层被打破。上下水体之间的混合，使得水体中的溶解氧得到补充，浊度和温度数据也出现类似于盐度的异常。

三、海洋生态环境评价中的应用

（一）海岸带生态系统与环境

海岸带生态系统包括沼泽、红树林、海草和珊瑚礁，具有高生产力，并且是各种各样的植物、鱼类、贝类和其他野生动植物的重要栖息地。例如，海岸带湿地能够防洪、防风暴灾害、过滤农业和工业废水提升水质和补给地下水。然而由于生活在海岸带的人口众多，从而给海岸带生态系统带来巨大压力，包括疏浚与填方、水文改造、排污、富营养化、蓄水以及被道路和沟渠的分割。海岸带风暴给环境带来的影响包括海滩侵蚀、湿地破坏、过度营养、藻花、缺氧和低氧、鱼类死亡、污染物释放、病原体传播以及珊瑚礁白化。

从长远来看，海岸带社区也面临海平面上升的威胁。未来 50 ~ 100 年中，海平面大幅上升和更频繁的风暴预报将影响沿海城镇和道路、沿海经济发展、海滩侵蚀控制策略，河口和地下蓄水层的盐度、沿海的排水与污水系统以及沿海湿地和珊瑚礁。沿海地区，例如障壁岛、海滩、湿地，对海平面上升尤为敏感。一次重大的台风灾害即可毁掉一个湿地。海平面的上升将使沿海洪水增强，加剧海滩、峭壁和湿地的侵蚀，还会威胁码头、防波堤、海港以及海滨财产。沿着障壁岛，海滨财产被洪水的侵蚀将更加严重，这将导致风暴来临时堤冲岸浪形成的可能性提高。

海岸带生态系统具有空间复杂性和时间多样性，要求时间、空间、光谱的分辨率都要高。传感器设计和数据处理技术的研究进展使得遥感更实用，能够划算地监控自然和人为变化对沿海生态系统的影响。高分辨多光谱和高光谱成像仪、激光雷达 LiDAR 和雷达系统可以观测沿海沼泽的变化、底栖水生植物、珊瑚礁、岸滩剖面、藻花以及海岸带水体中悬浮物和可溶物的浓度。一些生态系统健康指标可由新的高分辨遥感成像，包括天然植被、湿地的丧失和破碎、湿地生物量变化、不透水流域面积比例、缓冲退化、水文学变化、水体浊度、叶绿素浓度、富营养化程度、盐度等。

（二）珊瑚礁生态

全球范围内，局部人为活动与全球气候变化正在改变珊瑚礁底栖生物群落。这些改变或是突然的，或是逐步的。不同海域的研究都证明，改变的恢复是一个持续的过程。这些底栖生物群落结构的转变涉及群落新陈代谢的改变。有效的珊瑚礁管理需要对珊瑚礁在面对人为压力和气候环境的改变下的变化进行提前预报。在实践中，这个目标要求能在早期快速识别亚致死性影响的技术，因为亚致死性影响将可能长期增加群落生物的死亡率。这些方法能加深我们对于原始礁和退化礁在种群、群落、生态系统结构和功能上的区别认识。这些知识基础将为科学的管理决策提供支持。

通过过程测量参数化，利用遥感建立时空测量的珊瑚礁生态系统模型，可解决珊瑚礁生态监测问题，并为制定有效的管理策略提供基础。为了实现这个目标，需要一个集成通过观察生物学和地质学的响应来研究物理和化学强迫的生态层面模型。这个用来认识珊瑚礁生物地球化学动力学的跨学科方法能实现集成时间和空间尺度的调查，从而能够预测珊瑚礁的变化。反过来，涵盖不同环境强迫方案的整个生态系统功能的预测本质上保证了减少未来的干扰。事实上，也只有生态层面的珊瑚礁管理才能保护珊瑚礁。

（三）大洋浮游植物生态系统

欧洲环境卫星搭载的 MERIS 成像仪的波段为藻花和水生植物的检测提供了新的可能性。使用 MERIS 数据可以计算出最大叶绿素指数（MCI）。该指数以 709 nm 处离水幅亮度峰的反射率计算，它指示了散射背景下高表面浓度的叶绿素 a 的存在。在赤潮条件下，MCI 指数很高。一项基于 MCI 指数的藻花研究显示，全球海洋和湖泊发生藻花事件的多样性和广泛地区的浮游植物的检测此前并未有文献记载。自 2002 年 6 月，也就是 MERIS 发射不久，全球 MCI 复合图像每天都会由 MERIS 低分辨数据产生。在大洋、海岸带监视卫星中，这一指数是 MERIS 所独有的，因为 MODIS 和 SeaWiFS 上都没有 709 nm 附近的波段。以 MCI 指数检测藻花、漂浮马尾藻和南极硅藻的"超级藻花"的可行性已被证实。希望未来全球复合能提供更高的检测频率以使检测更多样。

MCI 由 709 nm 处的辐射率扣除 681 nm 和 753 nm 处反射率构成的线性基线得到。在 Gower 等的研究中，只使用 865 nm 处的辐射率小于 15 mW/（m2•nm•sr）的点，以剔除陆地、强太阳反辉区、阴霾和云的影响。

因此，MCI 表示了 709 nm 处超过基线的过量反射率。模型指出，这种光谱可用来表征强烈的表面藻花，这时近海表散布着高浓度的浮游植物。这种情况下，叶绿素的吸收使得 700 nm 以下的反射率减小，水的吸收使得 720 nm 以上的反射率减小，因此存在一个最小吸收处，这里反射率达到峰值，这个位置就是 709 nm。模型还指出，浅滩层之下的植被（包括珊瑚礁）也会提高 709 nm 处的峰值，也就是说给出一个 MCI 正信号。

MCI 可能由于 681 nm 处叶绿素 a 的荧光峰而给出负值，这时可以用 665 nm 代替 681 nm 来计算，得到一个"宽"的 MCI，以避免出现负值。事实上，当藻花很强的时候，荧光的影响很小。

不经过大气校正直接用 1 级光谱反射率计算而得的 MCI 会过高，以至于需要用到大气校正算法。一小部分可以使用大气校正后的数据（Level 2）计算 MCI，这时上式中各波段的反射率由反射比替代。这样计算的结果与未经过大气校正的结果几乎是相同的。然而在大多数情况，大气校正数据无法使用。现在可以引入一个关于当地太阳高度角的函数作为偏差补偿值，以弥补 MCI 平均值能观测到的年际变化。

虽然 MCI 不能检测所有的 HAB，但是很明显，MCI 在一些海表高浓度叶绿素监测中也起着重要的作用。另外，MCI 还用于海冰浮游植物成像。全球复合一定程度上突破了由 MERIS 数据采集、太阳反辉和云层带来的限制。

第二节　在海洋动力环境预报中的应用

风、浪、流等海洋动力环境要素是海洋表面最为普遍的现象，也是影响海上活动安全的主要的因素。因此，海洋动力环境信息的准确描述对于生命及财产安全具有非常重要的意义。同时，风、浪、流等实时遥感观测数据也是开展海浪预报及预报技术研究、提高预报精度的基础和出发点。高精度的海洋动力环境遥感数据在风、浪、流等信息的预报、航行保障和气候预测等应用领域发挥着重要的作用。

一、海面风、浪、流预报中的应用

海洋数值预报是一个由动力模式描述的微分方程在特定初边、值条件下的求解问题。初值越准确，预报效果就越好。如何确定模式的初值就成为一个非常重要的问题。为了构造模式积分的初值，就需要把观测数据插值到模式格点上，最初用手工方法实现，叫作主观分析；后来采用计算机自动插值，称为客观分析。再后来发现观测数据不足严重制约了客观分析效果，单纯观测的插值不能解决模式的初值问题，又把模式经过短时积分的结果引进来，称之为背景场或初猜场或先验信息，这种方法称之为数据同化。

实践和研究都表明，目前的技术水平下，最大的预报误差往往源于初始分析误差而非数值模式本身。增加观测的数量、提高观测的质量结合先进的同化方案成为改善初始场分析质量，提高数值预报准确率的一条有效技术途径。由此，卫星资料成为改善数值预报效果的一种重要而有效的观测资料源。

（一）海浪数据同化预报

近年来，海洋环境业务预报部门已建立基于第三代海浪模式的全球海浪数值预报业务化系统。关于物理过程和计算方法，第三代海浪模式明显地优于第一代和第二代海浪模式，但是在自然界中仍然存在一些复杂的情况难以控制，海浪模拟的结果与实际的情况仍然存在偏差。在目前的海浪模式中，采用的都是半经验半理论的方法，以致模式中存在大量的参数化方案，而这些参数化方案是根据经验和观测得到的，在某海域适用的方案不一定适用于其他的海域，这是产生偏差的原因之一。另外一个原因是模式中输入的强迫风场可能与实际的风场相距甚远，以致模式模拟和预报结果不够准确。为获取更高精度的海浪场，人们利用各种观测数据对海浪模式的模拟和预报结果进行改进，这样，就产生了海浪数据同化这一科学问题。

Hasselmann 等基于谱分割策略，将 ERS-1 SAR 图像反演得到的海浪谱同化到 WAM 模式中，改进了谱的某些平均波参数。杨永增和张杰进行了 SAR 海浪谱资料的理想同化研究；Greenslade 在研究澳大利亚西海岸的海况时发现，尤其是在涌浪占主导的海况条件下，同化海浪谱能改善模式的执行效果；Sannasiraj 等在北海的涌浪建模中尝试使用观测的谱数据，他们认为同化海浪谱具有令人鼓舞的优势；Aouf 等在海浪模式 WAM 中同化了合成的海浪谱数据，为 SWIMSAT 卫星任务进行了预研；Siddons 在 SWAN 模式中同化了英格兰东岸的 OSCR（海浪表面流雷达）的有效波高和均值周期数据。他测试了 3 种不同的同化策略：3D-VAR，EnOI 和 EnKF。结果表明，对于 3D-VAR 和 EnOI 结果有改善，但是对于 EnKF，结果却不一致。Siddons 认为合并空间相关误差以及移除偏差能提高同化策略的执行效果，在进行同化之前需要对 HF 雷达数据进行严格的质量控制。Portilia 在 WAM 的近岸版本中同化了一个浮标的海浪谱数据，并且基于最优插值调查了产生增益矩阵的不同方法，讨论了同化分割谱的步骤，并且认为这种应用的主要任务就是如何对交叉 - 分配策略进行高效的描述。利用台湾沿海的浮标海浪谱，在台风情况下开展了东中国海的 SWAN 模式同化实验；Jennifer 等在 WW3 模式中同化了高频雷达海浪谱数据。21 世纪初中法卫星合作项目启动，2018 年在中国发射的中法卫星 CFOSAT 上搭载可获取海浪谱数据的海浪波谱仪 SWIM。海浪波谱仪可提供大面积、长时间序列的全球海浪谱信息，这为海浪谱的同化提供了数据保障。分析表明，同化分割的海浪谱数据是可行的，同化分割的海浪谱数据比同化全谱的均值波参数，在物理和实际应用上都有优势。

（二）海面风场同化预报

由于观测站网的水平分辨率较低，洋面上的气象资料寥寥无几，海面风场的真实情况很难由常规的观测资料加以描述。随着卫星探测技术水平的不断提高，通过卫星可得到全球高分辨率的海面风速和风向观测数据。

散射计的原理是通过发送微波脉冲到达地球表面来测量地表面粗糙度后向散射的能

力。在覆盖地球表面 3/4 的海洋上，后向散射主要来自海表面短波，海面风遥感的思想就是认为海表面小波动与局地风应力平衡，从而通过海面的后向散射来获得 10 米高度的海面风场。我国于 2011 年 8 月 16 日发射的 HY-2A 上携带了测量海面风的散射计，其采用 Ku 波段和笔形波束天线圆锥扫描，幅宽 1 800 km，每天可覆盖全海洋 93% 的范围。同时，HY-2 卫星雷达高度计可测量星下点海面风速，扫描微波辐射计可测量大风速范围内的海面风速。

从资料性能分析到在天气分析、天气预报中应用，欧洲中期数值预报中心、美国国家环境预报中心（NCEP）等已经把该资料同化到业务数值预报模式中。国内国家海洋环境预报中心已经将 HY-2A 卫星散射计数据矢量风同化到风场预报模式中，并已业务化运行。

（三）海流数值同化预报

利用历史资料和三维海洋温度、盐度分析产品，利用水平方向双线性插值方法和垂直方向线性插值，可建立预报海域模式各层温度、盐度气候背景场。对于卫星雷达高度计提供的海面高度资料采用三维变分（3D-VAR）同化，在垂直方向上将海面高度资料反演为温盐廓线。利用最优插值同化方案进行水平面上的温度和盐度同化。

二、航行保障中的应用

自 21 世纪初期中国正式加入世界贸易组织以来，对外贸易逐年高速增长。海运承担了中国 90% 以上的国际贸易运输。可以说中国的经济发展在很大程度上依赖对外贸易，对外贸易在很大程度上依赖海运。影响船舶航行的主要参数包括风、浪、流，这些动力环境参数对经济航行至关重要；另外，海雾、海冰、风暴潮等极端天气事件，对安全航行非常重要。应用海洋气象情报和预报服务方面的成果，可以保障船舶安全经济航行，避免和减少由于海上环境条件给航海所带来的不利影响和损失。

海洋动力环境卫星遥感在航行保障中的应用可以具体体现在规划决策、区域保障和实时服务三个方面。在规划决策方面，可以对长期积累的海洋动力环境卫星遥感历史数据进行分析，制订运输计划、选择补给港口、预测通航时间段；在区域保障方面，可以将卫星数据作为预报模式的输入，进行航行路线上 1 ~ 10 天的天气预报，为船舶提供信息保障；在实时服务方面，可以将准实时的海洋动力环境信息提供给船舶，用于优化航线，同时在应急情况下，可以避开台风、巨浪等极端天气。

40°S ~ 60°S 附近，有一个环绕地球的低压区，即西风带，此处常年盛行五六级的西风和四五米高的涌浪，7 级以上的大风天气全年各月都可达 10 天以上，所以又称"魔鬼西风带""咆哮西风带"，是我国科学考察船"雪龙"号进入南极必经的一道"鬼门关"。西风带大部分海域风速在 15 m/s 以上，最高风速超过 22 m/s。在 50°S、150°W 海域还有一个气旋，这就需要通过该海域的船只避开这类极端的天气或海况。

三、气候预测中的应用

（一）气候预测系统

气候是指在地球上特定区域相当长时间尺度内的平均天气状态，通常是指诸如大气温度、降水、湿度、风速或海洋温度在指定时期和区域内的气象和海洋变化要素的平均值。时间尺度为月、季、年、数年至数百年以上。气候预测技术主要经历了简单统计分析、数理统计学方法（多源回归、逐步回归等）、动力学气候数值模式、耦合全球环流模式等历史发展历程。气候预测不同于天气预报，是预测未来一个月、一个季度和下一年的气候变化，时间越长，不确定的因素越多。气候预测需要地球上大气圈、岩石圈、生物圈、冰雪圈和水圈各圈层即整个气候系统的资料。

气候预测需建立海洋资料同化系统，收集和整理温度、盐度、海面高度等海洋观测资料，建立一套20年以上的海洋观测数据库，卫星海洋遥感以其高时空分辨率、全球覆盖、实时获取以及长时间序列等优势已日益成为全球或局地海洋观测资料不可或缺的数据源。

（二）卫星遥感海洋气候产品

海洋气候产品包括一定时间范围内的平均分布，也包括一定时期的多年平均的气候态产品。使用海洋卫星探测的多种海洋要素产品，通过数据的质量控制、卫星遥感数据的相互校准与同化，可生产海面风场、海表温度、海面高度异常、海浪、海表流场和大气水汽含量、大气温度等多种要素的气候监测产品。

卫星遥感海洋气候产品，不仅可作为气候预测模式的初始场，还可用以检验气候预测模式的准确性。具有足够长时间序列的卫星遥感气候产品还可用以分析与评估区域与全球的气候变化。

第三节 在全球气候变化海洋观测中的应用

海洋是全球气候系统中的一个重要角色，与所有的气候异常密不可分，它通过与大气的能量物质交换和水循环等作用在调节温度和气候上发挥着决定性作用。海洋环流可以调节全球能量、水分的平衡，海水溶解二氧化碳可以减缓大气温度升高，但海洋酸化、海温异常、极地海冰异常等现象也会导致灾害性天气的发生。被称为"地球气候调节器"的海洋对气候变化具有重要影响。

在应对全球气候变化的同时，更需要密切关注海洋对气候变化的影响，做好海洋对气候变化重要影响的评估工作，掌握海洋对气候变化的影响机理。这些工作涉及海洋要素变异观测、海气相互作用调查、极地环境调查、海水二氧化碳监测等。

一、海–气二氧化碳通量监测

自工业革命以来，随着人类活动排放温室气体（主要为二氧化碳）而导致的全球增暖和气候变化，已经引起全球的广泛关注。海洋占地球表面积的约71%，它吸收了人类活动排放二氧化碳的近1/3，在全球碳循环系统中起着至关重要的作用。传统监测海–气界面二氧化碳通量主要依靠船舶走航的观测方式，空间和时间覆盖率都较低，难以满足大空间尺度动态监测的需求。近年来，随着海洋遥感技术的迅速发展，卫星海洋遥感技术已成为大范围、高频度、长时序海洋环境实时监测的重要手段。同时，随着遥感应用技术的提升，海洋遥感已开始应用于海–气二氧化碳通量的监测，显示出其作为大范围、高频度、长时序海–气二氧化碳通量监测唯一有效手段的巨大潜力。

（一）海–气二氧化碳通量与全球变化

过去200多年间，人类活动主导的人为碳通量已达到自然碳通量相当的量级，对全球气候和生态安全造成了显著影响。为了应对气候变化给人类发展带来的影响，1992年签署的《联合国气候变化框架公约》（UNFCCC），约定了国际社会公认的应对气候变化的最终目标为"将大气中温室气体的浓度稳定在防止气候系统受到危险的人为干扰的水平上"，并在之后，召开了多次政府间气候谈判大会。当前，国际碳减排面临的挑战是应对气候变化与各国经济发展空间之间的权衡，迫切需要减小科学上的不确定性，并且摸清和掌握整个生态系统的碳收支清单以及碳增汇的潜力。

（二）海水二氧化碳分压的计算方法

1. 海水二氧化碳分压的遥感反演现状

目前大部分的海水 pCO_2 遥感反演算法主要是基于 pCO_2 和遥感参数之间的线性或者多元回归关系获得。例如：最早在不同海盆区发现温度与 pCO_2 具有良好的线性关系，可利用海表温度实现 pCO_2 的计算，或者在回归拟合中加入表征生物作用的叶绿素浓度。为了在复杂的区域获得更好的拟合效果，一些研究不断尝试增加更多的参数进行回归分析，例如，经纬度、盐度、黄色物质和混合层深度等；也有人利用更复杂的数学方法获取 pCO_2 的统计模型，例如主成分分析法和神经网络法等。这些算法在其特定研究区域可获得良好的效果，但依赖于建模样本的季节、区域代表性和样本量。

由于海水 pCO_2 无法通过遥感辐亮度直接反演，需要使用替代参量（proxy）进行表征，因此，遥感建模必须深入了解 pCO_2 变化的控制机制。边缘海的 pCO_2 受控于一系列物理和生物地球化学过程，其主要控制机制包括热力学作用、生物作用、不同水团混合作用

及海 – 气界面交换等。在一些局部区域，pCO_2 的变化只受一两种控制因子主导，可以通过线性或者多元回归方法建立 pCO_2 遥感模型；但在复杂边缘海区域，pCO_2 的变化通常是由多种因子共同控制，很难通过遥感可获取的参数直接建立具有显著统计意义的多元回归模型甚至是神经网络模型。例如，在地中海西北部的研究发现，冬季海表温度变化很小且叶绿素浓度维持很低的水平，但在藻花发生初期，尽管温度变化也很小但叶绿素浓度却有很大的变化，因此，利用温度和叶绿素浓度估算海水 pCO_2 变化会存在很大的问题。而在密西西比河冲淡水区域，从河口到外陆架，pCO_2 先是急剧地下降，然后随着盐度快速上升，这对利用盐度或者黄色物质吸收系数反演 pCO_2 造成了极大的困难。因此，遥感建模除了要选取合适的替代参数之外，更重要的是如何构建各种控制机制的参数化模型。

海水碳酸盐系统中有四个参数：海水二氧化碳分压 pCO_2、溶解无机碳（DIC）、总碱度（TA）和 pH，在一定的温盐和辅助系数条件下，每两个参数就可以计算出另两个参数。与 pCO_2 和 pH 不同，溶解无机碳和碱度为水体物质浓度（mol/kg），在物理混合过程中体现为物质的保守混合，而且不随温度改变。在生物过程中，无机碳作为一个化学参数直接相关于碳化学计算、营养盐移除或释放比率以及氧气生产和消耗。因此，pCO_2 在数值模式计算中通常可以通过 DIC 和 TA 计算获得。对于遥感反演算法来说，很难建立一个完全的解析算法，因此，在基于机制分析的反演算法中，不可避免地需要一些经验化的模型或系数，因而称为半解析或者半经验算法模型。基于控制机制的海水 pCO_2 解析算法需要碳化学和遥感的交叉研究，虽然此类方法目前在国际上仍处于起步阶段，但这是解决复杂水体 pCO_2 遥感反演的发展趋势。

Hales 等在美国西海岸上升流区开发了一种基于控制机制的 pCO_2 遥感反演算法，建立了 DIC 和 TA 与遥感海表温度、叶绿素之间的经验关系，进而通过 DIC 和 TA 的碳酸盐系统计算获得 pCO_2。但是在西边界流主导的陆架（如东海），由于水体滞留时间较长，海水和大气的热交换相对比较显著，因此温度主要反映季节的变化，其作为水团混合的指示相对较弱。另一方面，对于受河流影响的边缘海区，由于冲淡水的显著作用，盐度是表征河水和海水混合的一个重要指示，这个参数在 Hales 等算法中并未体现。

Bai 等提出了基于控制机制分析的海水 pCO_2 半分析遥感模型的概念框架 Mechanistic-based Semi-Analytic-Algorithm（MSAA-pCO_2）。算法思路为：首先厘清研究海区海水 pCO_2 的主要控制机制，然后建立各种主控因子的定量化遥感模型，将不同控制因子引起的 pCO_2 改变量进行叠加。以长江冲淡水影响下的东海夏季陆架水体为例，构建了 MSAA-pCO_2 遥感反演算法。东海夏季主要以长江冲淡水作为主要的陆源输入，水体分层且垂直混合作用影响较小。通过水平混合作用和生物作用的定量化计算可以反映该海区大部分区域的海水 pCO_2 变化。利用遥感盐度数据，Bai 等表征海水混合作用，然后通过碳酸盐系统计算，获得海水和淡水混合（长江及黑潮端元）及热力学作用（温度）引起

的 pCO_2 变化；在此基础上，利用叶绿素浓度的积分表达式量化生物作用，获得东海夏季陆架水体的 pCO_2 的遥感反演算法。通过走航数据验证，该模型具有较好的精度，算法可以较好地反映受陆源影响的近岸高 pCO_2 以及冲淡水内高浮游植物生产力造成的低 pCO_2 以及外海受温度热力学控制的 pCO_2 变化。

2. 海水 pCO_2 半解析算法

（1）水平混合模型构建

对于河流影响下的边缘海，冲淡水是 $pCO2$ 及相关生物地球化学过程最重要的影响机制之一，而反映冲淡水变化最核心的参数为盐度。目前在轨运行的两个微波盐度卫星 SMOS（the Soil Moisture and Ocean Salinity）和 Aquarius/SAC-D 可以探测海表盐度。但由于这两颗卫星盐度产品空间分辨率低（30 ~ 300 km）和重返周期长（约3天），在变率极高的冲淡水区域应用存在局限性。除了直接的盐度探测以外，有色溶解有机物吸收系数（Qcdom）由于其显著不同的陆源和海源特性及较好的保守性，通常可用于大型河口或者冲淡水的盐度遥感反演。例如，哥伦比亚河冲淡水、亚马孙河及奥里诺科河冲淡水、密西西比河冲淡水以及长江冲淡水。因此，通过水色卫星 aCDOM 产品反演的盐度可以作为冲淡水的区域识别以及河水 - 海水保守性水平混合改变 DIC、TA 和 $pCO2$ 的良好指示。

（2）垂直混合量化表达

在河流影响下的边缘海建立季节性混合层变化所导致的 $pCO2$ 变化的参数化模型，需要同时考虑浅海区域的垂直混合，可以采用非藻类颗粒吸收系数（表征陆源输入及底部再悬浮颗粒）进行量化；除了河水 - 海水保守性混合过程以外，$pCO2$ 主要控制过程还包括混合层深度变化导致的垂直混合作用、上升流以及生物固碳等。例如，盐度或者光学参数作为混合系数可以通过两端元或者三端元等计算多种水团的物理混合；在上升流系统，温度可表征底层高碳水混合的影响；在 BATS 时间序列站，温度与混合层深度可以反映无机碳的年际变化，但温度这一参数在宽陆架系统受到的影响较多，需要谨慎考虑。Dai 等在南海和加勒比海通过一维平流 - 扩散模型估算了大洋与边缘海的垂直混合，当大洋高碳水上涌至真光层，生物作用造成的 DIC 和营养盐消耗可以通过不同水团 DIC 和营养盐的比率反映，而边缘海上层超出的 DIC（excess DIC）最终导致了海洋向大气排放二氧化碳。

（3）生物作用量化表达

需要分析叶绿素、溶解无机碳 DIC 和 pCO_2 的相互变化机制，结合碳与叶绿素比（C：Chla）及初级生产力等信息，选取合适的参数表征生物作用改变 pCO_2 的量化模型；对于生物作用，叶绿素是表征生物量的常用遥感参数。碳和叶绿素比（C：Chla）或者颗粒有机碳（POC）可以用于反映浮游植物碳的变化。此外，初级生产力也可以作为生物作用对碳酸盐系统无机碳改变的一种反映，例如，Behrenfeld 等开发了基于浮游植物碳的初级生产力遥感反演算法，利用浮游植物碳和生长速率估算了全球初级生产力。

总的来说，在动态变化极大的边缘海海区，基于实测数据的海－气二氧化碳通量估算存在极大的不确定性，需要高时空分辨率及长期稳定的遥感监测。对于海－气二氧化碳通量计算的关键参数——海水 pCO_2，其在边缘海系统中受到多种控制机制共同影响，难以获得显著的统计回归模型。需要进行碳生物地球化学及遥感水光学的学科交叉研究，建立基于控制机制分析的半解析算法。尽管 MESAA 算法还处于不断发展的阶段，但是因其具有很好的机理性，可以在不同系统间进行推广，该工作不仅可以促进卫星遥感与海洋化学的学科交叉研究，减少碳通量估算的不确定性，而且还可深化对复杂边缘海系统碳收支时空演变，特别是对气候变化响应的认识。

二、海平面高度变化监测

（一）气候变化与海平面高度上升

全球气候变化所导致的各类影响中，最令人关注的就是全球海平面上升（global sea level rise，GSLR）。作为全球最重要的环境议题之一，海平面变化成为越来越多的科学家所共同关注的热点问题。海平面（sealevel）的原意为较长时间内海面的平均状况，是一个理想的概念，但在目前研究范畴中所说的海平面通常指平均海平面，即周、月、年等各种时间尺度上的平均海面。全球海平面变化不仅与全球变暖息息相关，其本身也是一个重要的气候因子，厄尔尼诺（ENSO）、太平洋十年涛动指数（Pacific Decadac Oscillation，PDO）等气候事件均能在全球海平面变化上有明显的反映。其中，全球气候变暖引起海平面上升，给人类生存造成潜在的巨大风险，引起了全世界科学家和各国政府的高度关注，是当今世界被关注最多的研究课题之一。海平面上升是一个缓慢而持续的过程，其长期累积的结果将对沿岸地区构成严重威胁。根据国际政府间气候变化专门委员会（Intergovernmental Panel on Climate Change，IPCC）第五次气候变化报告，在 20 世纪的 100 年里，全球海平面上升了近 20 cm，并预计在 21 世纪会继续上升 40 ~ 80 cm。

海平面上升对沿海国家和小岛国家的海岸带，尤其是滨海平原、河口三角洲、低洼地带和沿海湿地等脆弱地区有着极大的威胁。一方面，海平面上升加剧了沿海地区的自然灾害，假如未来海平面上升 50 cm，可能每年将有 9 200 万人处于风暴潮引起的洪灾风险中。另一方面，海平面上升造成的海水入侵和海岸侵蚀，影响沿海地区的社会经济发展，例如占世界稻米产量 85% 的东南亚和东亚地区，有 10% 的稻米产地处于海平面上升的脆弱区。当海平面上升 1 米时，美国大西洋和墨西哥湾沿岸，可能淹没 2×104 km^2 的土地和同样面积的湿地，并危及 680 万户居民的生命财产。另外，由于海平面上升使现有海堤在一定程度上失效，百年一遇的风暴潮会变成 50 年或 30 年一遇，从而加剧海岸带灾害。

引起海平面变化的因素众多，从全球气候变暖这个角度来看，导致海平面变化的主要原因包括：①海水体积的热膨胀；②湖泊、地下水、陆地冰川等由于全球变暖增加了汇水量；③南极、格陵兰等地区冰盖的加速融化。除此以外，区域海平面变化还受太阳黑子的活动、地球构造的变化、大冰川期的活动以及大气压、风、大洋环流、海水密度等与地球、海洋自身有关因素的影响。人类活动引起的陆地水体变化同样对局地海平面变化有着影响，如城市化进展、化石燃料和生物分解、森林砍伐导致的海平面上升，水库和人造湖中滞留水体、灌溉等导致的海平面下降等。上述影响因素可以概括为如下两个方面：①由于全球海水质量的变化引起的海平面变化，可以称之为海平面升降（eustatic sealevel）；②由于海水的密度变化引起的海平面变化，称为比容海平面（steric sea level），根据比容效应（steric effect）由温度还是盐度所导致，将其又分为热比容（thermosteric sea level）和盐比容海平面（halosteric sea level）。

相对于开阔大洋而言，陆架海域的海平面变化动力机制更为复杂，经济和社会影响也更为重大。对于中国海域来说，在气候变暖引起的热膨胀、亚洲季风引起的强降水、大陆径流引起的河口增水以及厄尔尼诺等引起的气候异常和人为活动引起的陆地下沉等是不同时间尺度海平面变化的主要原因。例如，《中国海平面公报》指出位于河口淤积平原的天津沿海、长江三角洲和珠江三角洲，由于人为活动的加剧和地壳变动，加速了地面沉降，导致了相对海平面的显著变化。东海在季节尺度上，比容效应是其海平面变化的主导因素，但在年际尺度上，东海的海平面主要受黑潮和长江径流的影响。然而，南海海平面的变化则主要与厄尔尼诺高度相关。南海北部海面高度（sea surface height, SSH）的变化应归因于南海局地的动力、热力强迫和黑潮的影响，黑潮对南海北部 SSH 平均态的影响要大于对 SSH 异常场的影响；冬季南海北部深水区局地风应力与浮力通量对 SSH 的作用相反且量级相同。风的季节变化是南海 SSH 季节变化的主要原因。

（二）海平面高度变化的卫星观测

自 20 世纪 90 年代以来，卫星测高成为研究全球海平面高度变化的重要工具之一。高度计观测海平面高度的原理，在前面的章节已经有所介绍。事实上，监测全球海平面的变化并非高度计卫星设计的初衷之一，但其在相关研究中已经占据了无可取代的地位。

然而，虽然卫星的空间覆盖率远远高于验潮站，但仅通过对全球平均海平面的观测还不能够充分体现卫星高度计在海平面研究中的优势。卫星高度计在全球海平面变化研究中的另一重要作用是研究全球不同区域内的海平面变化情况。验潮站的数据在很早以前就表明了全球不同区域的海平面上升速率并非一致，但直到卫星高度计的出现，才使人类真正能够描绘全球不同区域的海平面上升情况。在诸如西太平洋和格陵兰岛附近的区域，海平面有着远远超过全球平均值的上升速率。而在东太平洋等区域的海平面则甚至呈现出了下降的趋势。此外，通过空间覆盖范围的选择，利用卫星高度计的数据能够对任意指定海域的平均海平面高度进行研究。南海海平面的上升速率明显高于全球海平面的上升速率，说明全球海平面上升对中国海域很可能存在更大的影响。此外，观察南海的去季节信号可以发现，南海海平面对厄尔尼诺及拉尼娜事件的响应与全球海平面对其响应相反：厄尔尼诺事件会降低南海海平面而拉尼娜事件会抬升南海海平面。这些信息均是在高度计数据应用前难以有效获得的。

利用卫星高度计的资料，除了能够估计不同区域海平面上升的速率，还能够对不同区域内海平面的周期变化进行研究。海平面变化早期的研究方法之一是 Barnett 方法。该方法首先将所有水位站的年平均海平面标准化，然后对其进行经验正交函数分解（EOF）分析，根据第一特征向量将这些水位站分成若干个区域，其中每个区域内的海平面变化具有基本相同的特征，再用线性方程进行拟合，求出显著周期成分和线性趋势，从而研究海平面区域的变化。针对海平面变化的研究，我国学者也提出了许多方法，包括随机动态分析预测模型、灰色系统分析方法、经验模态分解方法、平均水位周期信号的谱分析方法、经验确定显著周期振动方法及长期水位资料调和分析方法。这些方法都是基于水位站实测数据研究的。

在利用卫星高度计数据研究中，当前研究海平面变化的一种方法是 3D-HEM（Harmonic Extraction Method）模态分析法，它是一种精细模态提取方法。用这种方法以经度、纬度和周期为循环变量进行二维移动谐波分析，可以得到中国海海平面高度异常的振幅和位相随时空变化的全谱函数。鉴于该方法的搜索特性，不需要知道数据或模态的先验知识或假设，即该方法是完全数据自适应的。这种方法在揭示地学模态的精细时空结构方面的有效性和独特性已在全球降水和海温资料的模态分析中得以显示和验证。卫星高度计虽然能够较为准确地测定海平面的变化，但其所测的结果仅仅是总体海平面的变化，而无法区分海平面的变化是由海平面的升降还是比容效应所引起的，更无法区分是热比容效应还是盐比容效应。目前，重力卫星观测时间仍较短，结合卫星高度计观测主要用于海水质量和比容高度的季节变化的研究，近年来也有部分研究将其拓展至年际尺度。从二者的相关性上可以推断，全球平均海平面的震荡中，至少有一部分可以用陆地水量的增减来进行解释。

此外，海平面的升降不仅包括海水本身的运动与增减，也包括了地壳运动所导致的海平面相对升降。全球定位系统（Global Position System，GPS）能够监测陆地垂直运动的速率。因为相对海平面的升降与人类活动更加密切相关，而陆地垂直运动在相对海平面的研究中又十分重要，国际科学界已成立了"地区动力学国际 GPS 服务中心"，因此能够以其获得精确的海平面资料。利用 GPS 数据对相对海平面升降进行研究，也是海平面高度遥感领域的重要方向之一。

综上所述，目前海平面高度变化的卫星观测主要工具依然是卫星高度计。截至2015年，国际上已经发射了 10 余颗高度计卫星，尚有数个高度计卫星计划已经开始启动，这些计划将为海平面高度变化的观测与研究提供可靠的数据保障。近年来，随着 GRACE 卫星和

ICESat（Ice，Cloud，and Land Elevation Satellite）卫星项目的开展，能够获得更多的陆地水量变化数据以及南极与格陵兰大陆冰盖的监测数据，这些数据能够为海平面升降、比容海平面、极地与海平面相互作用和海洋的质量平衡研究提供更为有效的数据支持。除此以外，GPS技术的广泛应用能够更好地服务于相对海平面研究。相信通过这些遥感手段的交叉与普及，将给海平面变化的相关研究带来更多新的突破。

第四节　在海洋渔业资源开发与保护中的应用

海洋作为海洋鱼类赖以生存的基本空间，海洋环境影响着鱼类的繁殖、补充、生长、死亡及空间分布。由于海洋环境与海洋渔业资源的分布及资源量的变动存在紧密关系，渔业资源的开发、管理与保护需要大量的海洋环境监测数据。而海洋遥感能大面积、长时间、近实时地获取海洋环境监测资料，其在海洋渔业资源开发、管理与保护中的作用越来越大。当前，海洋遥感数据已广泛应用于渔业安全、渔情预报、渔业资源调查与评估、渔业管理与保护等方面。本部分将从海洋渔业资源调查与评估、渔情预报、渔业资源保护等几个方面介绍海洋遥感在海洋渔业资源开发与保护中的应用。

一、渔业资源调查与评估

利用航空遥感可对部分渔业资源进行直接观察，评估其资源量。尽管卫星遥感也具有这方面的潜力，但当前利用星载传感器直接调查或评估渔业资源量的研究较少。利用卫星遥感数据对海洋渔业资源进行评估主要是间接的，其在海洋渔业资源调查与评估中的应用主要包括：利用遥感数据设计资源调查方案，利用海洋初级生产力估计渔业资源的潜在资源量，利用遥感获取的环境数据对单位捕捞努力量渔获量（catch per unit effort，CPUE）进行标准化，基于海洋遥感数据预测资源量的变动，遥感数据与渔业资源评估模型的耦合，改善渔业资源评估的质量。

二、海洋渔场的渔情速报

海洋作为海洋生物或鱼类赖以生存的基本空间，海洋生物或鱼类的繁殖、索饵、洄游等与海洋环境密不可分，当掌握了鱼类生物学、鱼类行为特征与海洋环境之间的关系及相关规律，就能利用收集的海洋环境等数据，对目标鱼种资源状况各要素如渔期、渔场、鱼群数量、质量以及可能达到的渔获量等做出预报。因此，获取海洋环境信息、研究海洋环境特点及演化过程是渔场渔情预报的基础。由于海洋遥感能近实时、大面积地为渔情预报提供丰富的海洋环境数据，并且这些数据不仅给出了海洋环境要素的值，同时也能表达要素的空间结构（如锋面、涡等）及其演变过程，海洋遥感数据的应用能有效提高渔情预报的准确率与精度，有助于渔民减少寻鱼时间、节省燃料，降低渔业生产成本。

三、海洋渔业资源的保护

保护海洋渔业资源涉及保护其赖以生存的栖息环境，打击非法捕捞，采用基于生态系统的渔业管理思路管理保护渔业资源。要实现渔业资源的保护目标，就需借助于遥感技术：①获取海洋渔业资源栖息地的环境信息，以监测、评估渔业资源栖息地生态系统的变化，掌握其结构、功能及其演化规律，理解气候变化及人类活动对海洋渔业资源及其栖息地的影响，以保护渔业资源及其栖息地；②建立渔船动态监测系统以估计捕捞努力量、合理安排捕捞努力量及其空间分布、打击非法捕捞。

（一）渔船的监测

尽管船舶监视系统（Vessel Monitoring System，VMS）能近实时地收集渔船位置信息，但并不是每条渔船均装有VMS，同时VMS可能会出现故障、被渔民关闭甚至被操纵而报告错误信息的情况，因此，卫星遥感技术成为另一种重要的渔船动态监测手段。利用遥感卫星监测渔船动态通常采用高分辨率的光学卫星或雷达卫星。

光学卫星可利用其高空间分辨率的优势，在白天可直接对渔船进行监测、识别，并能获得相当多的有关船舶的信息，非常适合对渔船进行分类，而在晚上则主要通过探测渔船灯光（如集鱼灯灯光）以获得渔船分布信息。尽管光学卫星能提供高分辨率的渔船影像数据，更易于分类，但是基于光学影像的渔船检测与分类算法远落后于雷达影像，并且基于光学卫星影像的船舶自动检测与分类算法非常复杂，检测与分类的能力有限。同时光学遥感受云或光照条件（如晚上）的影响，其有效信息量非常小，难以满足对海洋渔船实行动态监测，因此，雷达卫星在渔船动态监测应用上更具优势。

利用合成孔径雷达（Synthetic Aperture Radar，SAR）卫星影像进行渔船监测的方法可分为两大类：①直接利用船只目标在SAR影像中的成像原理对舰船目标本体进行检测；②通过舰船尾迹进行检测和搜索舰船目标。常用的检测算法有：基于全局阈值的分割算法，基于滑动窗口的自适应阈值方法，基于雷达恒虚警的CFAR检测算法，基于模板的阈值检测算法，基于小波分析的多尺度检测算法以及基于多极化数据的多极化检测器等。

通过对渔船实行动态监测，可获取渔船类型、渔船分布，可用于渔场捕捞努力量的估计，同时又可对非法、无管制和未报告渔船（Illegal，Unregulated and Unreported，IUU）实行有效的监管与执法。

（二）海洋生态区的分类

传统上，渔业资源的管理与保护主要关注海域单个物种的资源状态，但鱼类、渔业及其生物、非生物环境相互作用、相互影响，构成一个相互连接的生态网络。因此，当前，基于生态系统的渔业管理日益成为渔业管理的方向，而理解整个生态系统的结构、功能及演化，是建立 EBFM 的基础。

对海洋生态区（Ecological province）进行分类是研究生态系统结构、功能、时空变动规律及比较不同生态系统特点的前提，而遥感数据则是海洋生态区分类的重要信息源与依据。利用遥感获取的叶绿素浓度数据，对全球海洋生态区进行了分类。但由于海洋生态区的时空分布具有显著的季节与年际变化特点，研究人员提出了利用海洋水色、水温并结合其他数据，动态确定海洋生态区边界的新方法，使海洋生态区的确定更合理。同一海洋生态区具有类似的物理与生物特征，海洋生物的时空分布和组成与 Longhurst 划分的海洋生态区匹配较好，如黄鳍金枪鱼主要分布于热带海洋西部区，大眼金枪鱼则主要占据太平洋、大西洋热带浅温跃层区。因此，在全球尺度下，定义、识别、监测海洋生态区是海洋生态系统管理、海洋生物多样性保护的前提与基础，也是实行基于生态系统渔业管理的前提与基础。

（三）栖息地的确定、监测与渔业资源的保护

利用标志放流、渔业及海洋遥感数据，可建立栖息地模型，进而利用栖息地模型及海洋遥感数据可有效确定鱼类的栖息地，如鱼类的产卵场、索饵场与洄游路线等。利用海表温度、叶绿素浓度、叶绿素浓度峰与海表温度峰数据预测蓝鳍金枪鱼的索饵场、产卵场；根据过渡区的叶绿素锋面位置确定海龟的洄游路线；利用海表温度、海面高度异常值及渔场渔业数据，构建了栖息地指数模型，利用该模型可有效确定北太平洋中部柔鱼的最佳栖息地。

当确定鱼类栖息地之后，则可利用全球覆盖、高时空分辨率、多要素的海洋遥感数据对鱼类栖息地进行动态监测，从而为鱼类栖息地的保护提供重要的数据支持。如利用海洋遥感获取的叶绿素浓度、海洋初级生产力、黄色物质、悬浮颗粒物、透明度、海表水温等海洋环境参数可用于监测、评估栖息地的状态及气候变化引起的影响。悬浮颗粒物、黄色物质与海岸带栖息地水质环境紧密相关，因此，通过监测悬浮颗粒物、黄色物质的变化可获得海岸带栖息地水质环境信息，这些信息可用于监测海岸带栖息地生态系统的状态、评估人类活动对海岸带栖息地生态系统的影响，并可为海岸带栖息地的科学管理与保护提供依据。

同时，利用遥感数据可监测栖息地的灾害事件，这对制定应对措施、减少其对海洋渔业资源的影响至关重要。如溢油事件能对栖息地生态系统带来非常严重的影响，会导致鱼卵、幼鱼的死亡，干扰成鱼的繁殖，污染其饵料等。利用 SAR 或 MODIS 等传感器获取的数据能对溢油进行有效的监测、追踪，对评估损失，制定修复、保护措施非常有益。有害藻花，如赤潮、绿潮，是威胁、危害海洋生态环境和人类健康的一种海洋灾害，提前预警有害藻花的发生有利于管控灾害带来的影响与损失。由于需要大范围、高频率对海洋进行观测才能确定有害藻花的位置与运动方向，因此，水色遥感能为有害藻花的预报提供重要技术支撑。而通过长期监测珊瑚礁生态系统海域的海表水温变化可用于评估、预测发生珊瑚礁"漂白"事件的危险，从而能提高对该类事件的应对能力。

确定与理解鱼类关键栖息地（如索饵场、产卵场、洄游路线、育成场等）对渔业资源的管理与保护非常重要。如根据不同类型的栖息地及其时空分布，可合理安排捕捞努力量的时空分布，以有效减少非法捕捞、保护产卵群体，确保资源得到合理的补充，使捕捞努力量空间分布结构更合理，以减少地方群的不合理捕捞。对濒危物种栖息地的确定有助于建立海洋保护区（Marine protected areas，MPA），以对该物种及其栖息环境进行保护或通知渔民避开该物种的栖息地以减少兼捕。

第五节　在海岸带环境保护和资源开发中的应用

海岸带是岩石圈、大气圈、水圈和生物圈相交的地区，这里不仅具有较高的物理能量、丰富的自然资源和生物多样性以及人类的大量开发活动，而且是全球变化中非常敏感的区域。从海岸带自然生态系统含义考虑，它涉及河口、海湾、潟湖、海峡、三角洲、淡水森林沼泽、海滨盐沼、海滩、潮滩、岛屿、珊瑚礁、海滨沙丘及各类海岸的近岸和远岸水域，其向陆方向上界为潮波、潮流盐水和半咸水影响的地区，海域的狭义部分为近岸浅水地区，广义部分可扩展至整个大陆架。

遥感技术是获取海岸带资源、环境和灾害等信息的手段之一，它具有大尺度、快速、同步、高频度动态观测和节省投资等突出优势。在海岸带环境保护和资源开发中利用遥感技术，有助于实现宏观、动态、同步监测研究区域的生态环境和资源开发利用，弥补常规观测方法的不足，更好地服务于社会和制定经济可持续发展政策。早期的研究主要是对遥感影像数据进行各种方法处理，提高海岸带地物的目视效果，随着遥感技术应用的深入，遥感数据定量化的研究越来越多。

一、滨海湿地的遥感调查

（一）滨海湿地

湿地是自然界最富生物多样性的生态景观和人类社会赖以生存和发展的环境之一，是地球上具有多种功能的独特生态系统。本书中讨论的湿地范围集中于海岸带的滨海湿地，是指海陆交互作用下经常被静止或者流动的水体所侵淹的沿海低地，潮间带滩地及低潮时水深不超过 6 米的浅水水域。它有较高的海洋生产力和独特的生态系统及动植物区系，是海岸带资源与环境保护的重要对象。

滨海湿地分有植物生长和无植物生长两大类。生长喜水植物或盐生植物的称海滨沼泽，其亚类分淡水沼泽、半咸水沼泽、盐水沼泽和红树林沼泽；不生长高等植物的为潮间带裸露滩地和浅水水域，其亚类为岩滩、砾石滩、沙滩、粉砂质淤泥滩、淤泥滩、珊瑚礁、牡蛎礁、河口湾、潟湖、海峡等。由于滨海湿地是全球环境变化的缓冲区，可以涵养水源、净化水质、调节气候、拦截陆源物质、护岸减灾，通过生物地球化学过程促进空气及碳、氢、硫等关键元素的循环，提高环境质量，因此保护滨海湿地，在经济、社会和生态诸方面均具有重要意义。开展滨海湿地遥感监测十分必要。

（二）潮沟遥感

潮沟是潮滩与外海进行物质和能量交换的主要通道，是潮滩的主要地貌类型之一。主潮沟一般发源于潮下带，受潮流作用不断向陆延伸，进入潮间带分出大量的支岔，形成树枝状的分支潮沟，最终消失于高潮带或海堤处。九段沙位于长江和东海交汇处，是目前长江口最靠外海的一个河口沙洲，东西长约 50 km，南北宽约 15 km，在 0 米（理论基准面）之上的面积大约为 124km²，九段沙湿地包括上沙、中沙和下沙。九段沙湿地潮沟众多，是其重要的地貌单元之一。

潮沟遥感可采用区域生长法和灰度形态学方法进行专题信息的提取。

区域生长法主要是根据不同潮沟的复杂程度，选择不同个数的种子点，种子点要尽量选择潮沟中部的像素点和分叉处的像素点，这样可以保证不同岔道顺利生长，然后对图像进行掩膜，接着取出种子点，计算其与邻域中其他像素的灰度差，灰度差小于给定阈值则与种子点合并，继续生长并且覆盖掩膜，最后阈值分割，输出提取的潮沟信息。

灰度形态学方法首先是对图像进行阈值分割，将其变为二值图像，然后填充二值图像中的孔洞，移除孤立目标，去除噪声和非潮沟的细节信息，最后对图像进行骨架化，得到潮沟信息。

二、海域使用的动态监测

19 世纪以来随着科学技术的发展以及人口的不断增长，人类开发自然与改造自然的需求和能力不断增加，对地球环境与资源的关注已逐渐从陆地走向海洋。除自然界自身的变化外，人类活动更是迅速改变着地表景观及土地利用形式，尤其是沿海地区。沿海地区聚集了全球 60% 的人口、70% 大城市，其地表景观受人类干扰最为严重。

我国全面进入海洋资源开发已有 30 多年的历史，海岸带区域内的许多自然海域被大面积开发利用。联合国海洋法公约认可管辖的海域面积为 274.95 × 104 km²，是国家重要的基础资源，也是海洋经济发展的基础和载体。在 20 世纪 70 年代改革开放政策推动我国经济持续增长的背景下，我国沿海地区掀起一股海洋开发利用的热潮，近海海域开发利用活动日益频繁。根据 908 专项海域使用现状调查省级成果数据显示，截至 2010 年，我国海岛周边 2 n mile 内的海域总面积为 $5.34 \times 104 \, km^2$，海域使用总面积约为 $0.79 \times 104 \, km^2$，使用率约为 14.79%；海湾海域总面积为 $2.78 \times 104 \, km^2$，海域使用面积为 $0.58 \times 104 \, km^2$，使用率约为 28.86%。

遥感动态监测的本质就是利用不同时期的遥感影像，根据影像所呈现的地表地物的电磁光谱差异，通过图像处理得到量化的多时相遥感影像信息以及影像在时间域、空间域等的耦合特征，从而获取监测对象在面积、数量、空间位置等方面的变化信息。应用于海域动态监测时，是通过对同一海域在不同时相的遥感数据进行海域使用变化信息的发现，甄选可疑变化区或变化点。海域使用遥感监测可对用海情况进行及时、直接、客观的定期监测，获取各海域使用功能的类型、数量、质量和空间分析等信息。本文从海岸带土地利用监测和海域使用动态监测现状、变化信息提取技术研究现状两个方面进行综述。

随着海洋经济的快速发展，海洋资源退化、海洋生态环境恶化等海洋环境问题以及海洋权益争议等问题也日益突出。从长远来看，合理使用海域已成为实现海洋经济可持续发展所面临的重大课题。对海域使用情况进行实时、客观的动态监测有助于海洋管理部门掌握其真实的使用情况，并以此做出科学、合理的规划。遥感技术由于覆盖范围广、获取周期短等特点，使其已经成为在国家层面上调查与获取海岸带及沿海海洋基本数据，评估国家沿海社会经济和生态环境可持续发展能力的有力工具。

我国关于遥感技术在海域使用动态监测中的应用研究得到一定发展。海域使用动态遥感监测的目的，是对监测区以及规划、建设等海域使用变化情况进行及时、直接、客观的定期监测，获取各海域使用功能的类型、数量、质量、空间分布等信息，及时、准确地查明海域使用的动态变化，为相关行政主管部门宏观决策提供可靠、准确的海域使用变化情况，更好地服务于海域使用监管等工作。早在 20 世纪 80 年代我国学者就对航空遥感在海涂调查中的应用做了相关分析和研究，并在 2006 年提出海域使用动态监视监测管理系统的实施方案。方案围绕卫星遥感监视监测、航空遥感监视监测、地面监视监测、业务应用系统运行和海域管理信息服务 5 个方面展开主要业务工作。方案在现有人力资源和技术力量的基础上，以卫星遥感、航空遥感和地面监视监测为数据采集的主要手段，实现对我国近岸及其他开发活动海域的实施监视监测；以先进、实用和可靠的数据传输与处理技术，实现监视监测数据的完整、安全和及时传递；建立国家、省、市、县四级海域使用动态监视监测业务体系，形成业务化运行机制等技术要求。以此达到促进海洋开发的合理有序、海域资源可持续利用和海洋经济健康发展的总体目标。自该项目实施以来，我国学者针对海域使用的遥感技术进行了更多较为系统的研究。孙钦帮给出遥感海域使用动态监测工作流程，并分析了基于遥感的海域使用变化信息识别技术；孙晓宇等结合遥感和 GIS 技术方法对珠江口两岸养殖用地进行反演对其时空变化规律进行分析；谢玉林等基于面向对象的方法进行海岸带养殖水域的提取；徐文斌以天津市为例探究和分析了海域使用动态监视监测建设中的关键技术；索安宁等研究相关海域使用类型遥感监测的分类系统，并探索建立了各类海域使用类型的卫星遥感监测方法；孙晓轩利用SPOT-5和Landsat数据，通过面向对象的方法对珠江口海岸带水产养殖进行模式识别研究；李静对海域使用动态监测系统遥感技术的应用进行研究，并对盐城海域使用情况进行监测；张新等运用面向对象的方法，对Geodatabase数据模型进行扩展，研究了海域使用时空数据的结构化存储技术，并结合厦门市海域使用动态管理的需求进行应用研究；谢伟军等以SPOT-5高空间分辨率遥感影像为数据源，深入研究了面向对象的海域使用专题信息遥感提取关键技术与方法；徐进勇等根据港口用海、围垦用海、盐田用海、围海养殖等各种围填海工程在HJ-1 CCD标准假彩色影像上的色调、纹理、空间组合等特征建立相应围填海类型解译标志，提出围填海遥感监测方法；刘百桥和刘利东针对海洋功能区划的效力点和所用遥感资料的检测能力设计了海洋功能区遥感监测方案。

三、海岸线的变迁

陆地与海洋的交界线称为海岸线。海水与陆地的接触线随潮涨潮落而频繁地移动，海岸线的变化给常规专业调查和观测工作带来很大的困难。地貌学给出海岸线的定义是海水向陆地达到的极限位置的连线，即海岸线的向陆一侧是永久性陆地。海岸地貌千姿百态，根据物质组成，可分为淤泥质海岸、基岩海岸、砾石海岸、砂质海岸、珊瑚礁海岸和红树林海岸等，这些海岸对应的海岸线也千差万别。开展海岸线遥感研究，有助于实现宏观、动态、同步监测海岸带的生态环境和资源开发利用，弥补常规观测方法的不足。

本文以淤泥质海岸为例，介绍遥感技术在海岸线的变迁中的应用。淤泥质海岸是我国海岸类型之一，不论是半隐蔽和隐蔽的淤泥质海岸，还是开敞海域的淤泥质海岸，它们的前沿地带都发育着坡度平缓、宽度不一的淤泥质潮滩。淤泥质海岸潮滩沉积地貌是岸滩动态过程的综合反映，其岸线变化是一种复杂的物理过程，它包括许多自然因素和人类诱发因素。自然因素包括研究区域的地质过程和海平面升降、水动力条件、泥沙来源及沉积物变化等；人类诱发因素包括滩涂围垦、水产养殖、潮汐通道开挖、港口、码头及防波堤建设、航道疏浚、潮滩及近岸取沙等。

第六节　在海洋防灾与减灾中的应用

一、风暴潮灾害监测

风暴潮是发生在沿海近岸的一种严重的海洋自然灾害。它是在强烈的空气扰动下所引起的海面增高，这种升高与天文潮叠加时，海水常常暴涨，造成自然灾害。风暴潮预警报的关键是如何将预报出的风暴增水值叠加到相应的天文潮位上。通常采取的做法是：风暴潮预报员根据预测的热带气旋移动速度和强度，计算出某个时刻热带气旋中心位置是否达到有利于热带气旋引发某个验潮站产生最大风暴潮增水时刻，然后将该时刻的风暴潮增水值叠加到对应的天文潮位上。上述预报方法的关键是精确地确定热带气旋的移动速度、强度和移动路径。其中，热带气旋越强、风速越大，风暴潮增水也就越大，造成的危害也就越大。

海洋卫星上搭载的微波散射计在热带气旋的观测中具有明显的优势，能够观测热带气旋的风速和风向，对涡旋特征进行识别和定位，并能够实时监测热带气旋移动路径。利用微波散射计提供的风场和气旋位置等信息，根据最小二乘原理，用模型风场拟合卫星风场数据，得到一个最大风速半径，然后利用风暴潮模式进行计算，可得到沿岸风暴潮增水。

二、赤潮、绿潮的卫星遥感监测机制

赤潮是水体中藻类短期内大量聚集或暴发性增殖引起的一种海洋现象。赤潮危害主要体现在：大量藻类的增殖会遮蔽阳光，藻类细胞堵塞鱼鳃，藻类死亡分解时耗尽水体中溶解氧使鱼类等窒息而死，有毒藻种还可分泌神经性、麻痹性或腹泻性毒素等，毒素富集于贝类等体内被人类误食而发生中毒事件等。在经济快速发展影响下，我国近海富营养化导致赤潮灾害呈现出频率和类型增加、分布区域和规模扩大、危害日趋严重的演变趋势。赤潮发生时，生物大量聚集，水体颜色发生变化，水体的光谱特性发生变化，从而被遥感手段探测到。卫星遥感具有覆盖范围广、重复率高、成本低廉等优势，已成为实时监测赤潮的一种不可或缺的实用手段。

（一）赤潮光谱分析

海水光学特性主要由 3 种因素确定：纯水、溶解物质和悬浮体，由海水选择性吸收和散射综合效应决定。海水光吸收取决于多种因素，吸收光谱具体形式与不同因素相互作用有关，叶绿素对赤潮光谱特征起到重要影响。赤潮海水不一定都是红色的，随赤潮生物种类、密度、发展阶段等因素产生不同颜色，如夜光藻引起赤潮是粉红色的，红色中缢虫引起的赤潮是红色的，绿色角毛藻如眼虫引起赤潮是绿色的，骨条藻引起的赤潮是灰褐色的，赤潮异弯藻引起赤潮是酱油色的，赤潮颜色不同使得赤潮光谱特征有所差别。

叶绿素的存在决定了浮游植物的吸收光谱特性，吸收带分布在 440 ~ 450 nm 和 670 nm 附近，叶绿素 a 最大吸收峰在 420 nm 和 660 nm 附近，叶绿素 b 最大吸收峰在 450 nm 和 640 nm 附近，叶绿素 c 最大吸收峰在 440 nm 和 620 nm 附近。受海流等条件的影响，在所测站位间有明显赤潮界线，对相距约 500 米的 2 个站位进行光谱测量。从反射率中可明显看出赤潮水体的两个反射峰，而正常海水则表现为单峰；赤潮水体反射率都在 2% 以下，而正常海水反射率最高达 6.4%。425 ~ 525 nm 处反射谷是二类水体第一个区别，主要是黄色物质和叶绿素强烈吸收所致，662 nm 处反射谷主要是叶绿素强烈吸收所致，其强度远大于正常海水，650 ~ 670 nm 处反射峰是由于黄色物质、浮游植物及水体低吸收产生的，反映了海水的基本吸收特征，680 ~ 695 nm 处反射峰则为叶绿素特有荧光激发峰。9 月是陆源物质排放入海高峰期，正常海水中浮游植物现存量较低，显示海水处于富营养化状态，正常海水在 685 nm 处小峰说明了这个问题，而赤潮区荧光峰则较高，反映了叶绿素浓度变化。

在赤潮生物密度较低海域上，光谱反射率值蓝光波段和绿光波段较高，而在红光波段则较低。随浮游植物密度升高，蓝光、绿光波段反射率值趋于降低，而红光波段反射率值则迅速升高。赤潮生物密度变化在海水后向散射光谱变化上得到明显反映；随着赤潮生物密度的加大，海水后向散射蓝光和绿光波段的辐射量明显减小，而红光波段的辐射量则相应增大，这是赤潮水体呈现红色的主要原因。高叶绿素浓度是形成赤潮的条件，高叶绿素浓度的光谱特性除了与其背景水体有显著差别外，不同藻类的反射光谱也有显著的差异。在 560 nm 的反射率最大值和 675 nm 叶绿素吸收峰处产生的反射率最小值之间，部分藻类会产生一个次反射峰。叶绿素在 700 nm 附近的荧光峰，部分藻类在荧光峰的最大值向红外方向会出现反射率的增高，使其曲线形态不符合高斯分布。

星载叶绿素荧光遥感仪器极大地促进了近岸水体水色遥感的发展，加深了对海洋生态环境遥感的认知深度。但由于卫星遥感器荧光波段设置的局限性，随着叶绿素浓度的增加，荧光峰高度和位置会发生变化，荧光峰高低和位置可作为浮游植物浓度的精确指示器和预测器。辐亮度光谱曲线中 700 nm 附近的荧光峰大小与叶绿素浓度强相关。当叶绿素浓度增加并达到 560 nm 处反射率光谱的最大值时，基线以上的峰高和反射率比值增加数倍。700 nm 附近的荧光峰位置与叶绿素浓度密切相关，相关系数大于 0.9，估算误差小于 2 nm。但在赤潮过程中，由于水色组分的含量比率迅速变化，水体营养状态也在迅速改变，不同类型的赤潮细胞大小和色素组成的差异导致荧光峰高度和位置与叶绿素 a 浓度变化关系复杂。

（二）赤潮的卫星遥感技术

生物及其生活的环境是一个相互依存、相互制约的有机统一整体，只有当水域环境理化条件基本满足某种赤潮藻生理生态需求时才有可能形成赤潮。赤潮生长、发育和繁殖都要从环境中索取营养物质和能量，赤潮生物"种子"群落是赤潮发生的最基本因素，赤潮生长发育和繁殖的各个阶段又都受周围环境条件制约。海水中的营养盐、微量元素以及某些特殊有机物的存在形式和浓度，直接影响着赤潮生物的生长、繁殖和代谢，海域有机污染、富营养化是赤潮发生的物质基础，水温、盐度、DO、COD 等是赤潮发生的主要条件，气温、降雨、气压是赤潮发生的诱发条件，水体稳定性、交换率、上升流、适宜水温和盐度等是赤潮发生的必备条件，气象条件如风力、风向、气温、气压、日照、强度、降雨以及淡水注入等因素在某种程度上决定赤潮的形成和消亡。赤潮与相关环境因素的内在联系，可为卫星遥感监测赤潮提供依据。

随着研究的不断深入，由于赤潮暴发时水体光学特性通常由某一种优势藻种所主导，因此目前赤潮水体优势藻种的识别成为赤潮遥感主要的研究方向，识别方法主要是多特征指数组合识别方法。该类方法根据不同赤潮藻种的光谱特征差异建立多种表观或固有量的特征指数，并利用特征指数所构建的多维空间进行优势藻种的识别。赤潮在较浑浊水体，浮游植物大量繁殖时色素浓度增加，导致表层水体红光波段吸收增加，反射率下降，近红外波段反射率不受植物色素的影响，因此近红外对红光反射率比的变化可用于赤潮检测。SeaWiFS、MODIS 等卫星为赤潮遥感提供了有用数据，具有通道多、波带窄、灵敏度高等特点。国家海洋局第二海洋研究所用 SeaWiFS 结合 AVHRR 资料进行了东海、珠江口和渤海的赤潮测报。在使用 SeaWiFS 资料进行赤潮遥感时，主要是利用赤潮水体在 1～5 波段有不同于正常水体的变化率，组成各种可见光波段组合进行赤潮计算。随着高光谱分辨率传感器出现，图谱合一的高光谱及超光谱遥感为赤潮遥感监测提供了新的机遇。

三、溢油污染监测

海上溢油污染是最常见的海洋污染之一，每年都有数以万吨计的石油进入海洋，成为当今全球海洋污染的最严重问题。海上石油污染主要来源有自然渗漏、操作性和事故性溢油，给海洋生态环境和沿岸居民生活带来巨大冲击。遥感技术作为一种有效监测溢油污染的手段，在国内外的溢油监测系统中扮演着重要角色。目前应用较多的遥感监测手段有多光谱 - 高光谱遥感、热红外遥感、合成孔径雷达遥感、激光荧光技术及航海雷达等。

（一）高光谱遥感溢油监测应用

AVIRIS 波段众多且数据相邻波段间冗余度较高，如果对所有波段进行数据处理将会耗费很多系统资源，降低数据处理效率，因此需要对原始数据进行降维处理。选取最小噪声分离方法（Minimum Noise Fraction，MNF）进行降维。

在预处理后的 AVIRIS 数据上选取感兴趣区，并分别提取其光谱曲线。这些地物类型包括了海水、厚油膜、中等厚度油膜、薄油膜和甚薄油膜，通过对光谱曲线的分析可知，厚油膜和中等厚度油膜在 395 ～ 531 nm 区间反射率明显低于海水，甚薄油膜在该范围内反射率高于海水。在波长大于 531 nm 的波段处，中等厚度油膜反射率明显高于水体外，厚油膜和甚薄油膜与水体反射率光谱差异并不大。薄油膜在 521 ～ 919 mn 范围内波段的反射率比水体略低，但区别并不明显。在波谱形态方面，各地物波谱形状非常相似，尤其水体、薄油膜和甚薄油膜的波谱形状相似度非常高，通过基于波形分析的 SAM 难以区分这三者。

选取 MNF 图像前 25 个波段，提取以上几种典型地物对应的 MNF 特征值波谱曲线。该曲线表明随着波段序号的增加，MNF 特征值逐渐趋于零，表明波段越往后所含有用的信息量越少。通过对 MNF 特征值波谱曲线的分析，可知海水、厚油膜、中等厚度油膜、薄油膜和甚薄油膜在各波段的 MNF 特征值差异较大，不仅能够明显区分出海水与厚油膜和中等厚度油膜，而且可以通过第一波段和第二波段的运算区分出薄油膜和水体，通过第三波段特征值区分甚薄油膜和水体。

利用基于 MNF 的决策树分类法结果，在观测区域内主要分布为薄油膜，占观测范围内的 69.16%，甚薄油膜占 12.26%。较厚的油膜和中等厚度的油膜所占面积较小，分别为 5.50% 和 6.22%，主要分布在图像上部。在图像的下部（平台的东北方向），由于距离平台比较远，加之洋流、风向的影响和人工清除的作用，厚度较大的油膜很少，主要为薄油膜和甚薄油膜。

（二）机载激光荧光溢油监测应用

目前大多数系统采集溢油荧光信息使用一种叫"门控"的技术：这种技术只有当回波信号回到接收器时，接收器才开始工作，因而可提高系统的敏感性和可控性。

通过"门控法"还能够控制接收目标上表面的信号和目标下表面的信号。实验证明激光荧光器利用"门控"法能够接收到水下 1 米甚至达到 2 米的溢油的反射信号。

激光器的重复频率和飞行速度对有污染区采样频率具有很大的影响。当对地速度 100 ～ 140，激光器重复频率为 100 Hz 时，荧光光谱可以沿飞行方向达到每 0.6 米收集一次。

从 ICCD 获取的荧光光谱数据中可以获得不同物质被激光激发的荧光光谱数据，对光谱数据的分析可以获得荧光光谱的几个特征值：荧光光谱峰值波长，峰值波长对应的相对荧光强度，通过对延迟不同时间之后获得的荧光光谱数据可以获得荧光信号的衰减时间。这 3 个特征值是用于区分不同荧光物质的重要依据。根据实际距离，设置延迟时间为 350 ns，脉冲宽度为 50 ns，积分时间 10 ns，以确保得到较好的曲线，对多个油类测量均使用此参数，得到各种油膜的荧光光谱。

常见船用油类产品的荧光峰范围在 430 ~ 520 nm，各种油膜的荧光波长分布与峰值波长有明显的不同，0 号轻柴油由于挥发较快导致荧光强度比其他油种低，带宽较宽，荧光峰值在 506 nm 附近；重燃油（HFO）由于杂质组分太多，油体呈黏稠状，造成内滤效应导致荧光强度很低，与船用轻柴油（DO）相比峰值出现在较低波段；原油成分也相对复杂，本实验事先对原油进行稀释预处理，因此能够得到较强的荧光信号；40 mL 润滑油荧光强度高，荧光峰较陡峭，机油类的荧光峰值在 430 ~ 440 nm。

（三）航海雷达溢油监测应用

由于雷达的工作方式是采用 360° 环形扫描方式，航海雷达采集的原始脉冲信号可以转换为极坐标图像。为去除同频干扰噪声，最大限度地保留海面回波信息，需对图像进行进一步预处理，包括线检测、中值滤波等系列操作。雷达的功率在雷达图像上表现为图像灰度值，溢油信息的提取依赖溢油区域和背景区域的信号强度差异。图像中溢油区域和较远距离的背景区域灰度值接近，如果对图像灰度进行直接分割，会把较远距离的背景区也当作溢油区域，因此需要对图像做修正。

经过功率修正后的溢油区域会被凸显出来，在进行图像降噪、分割、设定特征阈值、边界提取等过程后，可以将溢油区域分离出来。对修正后的原始雷达图像进行灰度分割操作，设定灰度阈值，在灰度分割图像中，可以把相邻的黑点串成一片作为连通区域，计算连通区域的面积，当面积小于设定阈值时，可以确认其为噪声点，进行删除降噪处理，从而保留准确溢油区域。

由于溢油区域提取以后的图像仍然是雷达天线径向扫描的条带状图像，其图像数据无法与现实世界的电子海图数据进行融合，所以要对其进行坐标系统转换。使图像转换成以航海雷达位置为原点、向右为 x 轴正方向、向上为 y 轴正方向、坐标单位为 m 或者 km 的坐标系统中。

船舶在海上航行时，由于基准北线与船首向存在夹角，会导致坐标系统转换后的雷达图像数据与电子海图数据融合时，出现方向和角度不一致的情况。因此，应根据基准北线与船首向的夹角，将采集图像进行逆时针旋转，使图像正上方指向正北方向。得到旋转后的监测图像数据后，可以结合装载航海雷达的船舶所在位置，通过空间定位和投影变换，将以 m 或 km 为单位的监测图像数据，融合至以经纬度为单位的电子海图数据中，进而进行空间分析和成果输出，得到溢油区域的分布特征。

高光谱遥感能够解决传统光学遥感"同物异谱，同谱异物"的问题，能够区分海上油膜与假目标，并且可以进行油膜分布特征反演；激光荧光技术是一种主动式遥感技术，能够识别油膜油种，并且具有海冰、雪中油识别的潜力；航海雷达能够在夜间及雨雪、浓雾等恶劣天气条件下进行溢油监测，在海上石油运输和油田生产过程中，可以监测石油作业平台周围海域内船舶航行动态和溢油信息，为石油安全生产作业和运输提供基本保障，航海雷达已逐步成为海上溢油监测的一种新手段。

参考文献

[1] 奚廷斐，杨宇民.海洋生物医用材料临床应用 [M].上海：上海科学技术出版社，2020.

[2] 周长忍.海洋生物医用材料导论 [M].上海：上海科学技术出版社，2020.

[3] 马小军，于炜婷.海藻酸基海洋生物医用材料 [M].上海：上海科学技术出版社，2020.

[4] 顾其胜，陈西广.壳聚糖基海洋生物医用材料 [M].上海：上海科学技术出版社，2020.

[5] 高屹，韦灼彬.新型可持续海洋骨料混凝土组合结构 [M].天津：天津大学出版社，2020.

[6] 包卫洋，赵前程.海洋生物活性肽的研究与产业化 [M].北京：海洋出版社，2020.

[7] 王世明，曹宇.海上风力发电技术 [M].上海：上海科学技术出版社，2020.

[8] 夏兆旺，刘献栋.颗粒阻尼减振理论及技术 [M].北京：国防工业出版社，2020.

[9] 陈新军.栖息地理论在海洋渔业中的应用 [M].北京：海洋出版社，2019.

[10] 林明森.海洋动力环境微波遥感信息提取技术与应用 [M].北京：海洋出版社，2019.

[11] 秦益民.高新纺织材料研究与应用丛书海洋源生物活性纤维 [M].北京：中国纺织出版社，2019.

[12] 邹世春.海洋仪器分析 [M].广州：中山大学出版社，2019.

[13] 王平.海洋环境保护与资源开发 [M].北京：九州出版社，2019.

[14] 邵东旭.海洋腐蚀与生物污损防护研究 [M].长春：吉林大学出版社，2019.

[15] 范开国.星载合成孔径雷达海洋遥感导论下 [M].北京：海洋出版社，2019.

[16] 徐青.星载合成孔径雷达海洋遥感导论上 [M].北京：海洋出版社，2019.

[17] 杨亚新，夏剑东.航海气象与海洋学 [M].大连：大连海事大学出版社，2019.

[18] 潘志远.计算海洋工程水波动力学 [M].哈尔滨：哈尔滨工程大学出版社，2019.

[19] 柳林，李嘉靖.智慧海洋理论、技术与应用 [M].青岛：中国海洋大学出版社，2018.

[20] 杨坤德，雷波，卢艳阳.海洋声学典型声场模型的原理及应用 [M].西安：西北工业大学出版社，2018.

[21] 韩震，周玮辰.卫星遥感技术在海洋中的应用 [M].北京：海洋出版社，2018.

[22] 林伟豪，张天明 . 新型海洋能发电装置设计与应用 [M]. 天津：天津大学出版社，2018.

[23] 沈程程，刘永志 . 典型海洋生态系统动力学模型构建、应用及发展 [M]. 北京：海洋出版社，2018.

[24] 陈鹰 . 海洋技术基础 [M]. 北京：海洋出版社，2018.

[25] 傅刚 . 海洋气象学 [M]. 青岛：中国海洋大学出版社，2018.

[26] 杨日魁，林振镇 . 海洋沉积动力学实验 [M]. 广州：中山大学出版社，2018.

[27] 庄军莲，张荣灿 . 海洋药物产业发展现状与前景研究 [M]. 广州：广东经济出版社，2018.

[28] 宋喜红，戚昕 . 海洋船舶产业发展现状与前景研究 [M]. 广州：广东经济出版社，2018.

[29] 邓家刚，郝二伟 . 海洋中药学 [M]. 南宁：广西科学技术出版社，2018.

[30] 林明森，毛志华 . 海洋遥感基础及应用 [M]. 北京：海洋出版社，2017.

[31] 马毅，孟俊敏 . 海洋遥感探测技术与应用 [M]. 武汉：武汉大学出版社，2017.

[32] 刘霜 . 海洋环境风险评价和区划方法与应用 [M]. 青岛：中国海洋大学出版社，2017.

[33] 于红，赵春煜 . 海洋渔业 3S 系统研究与应用 [M]. 西安：西安电子科技大学出版社，2017.

[34] 赵建虎，张红梅 . 海洋导航与定位技术 [M]. 武汉：武汉大学出版社，2017.

[35] 沈满洪 . 海洋生态经济学 [M]. 北京：中国环境出版社，2017.